Primavera（P3e/c）项目管理软件系列丛书

从 Primavera （P3e/c） 学习项目管理

何 丰 编写

上海普华科技发展有限公司组织策划

中国建筑工业出版社

图书在版编目（CIP）数据

从 Primavera（P3e/c）学习项目管理/何丰编写.
北京：中国建筑工业出版社，2007
（Primavera（P3e/c）项目管理软件系列丛书）
ISBN 978-7-112-09537-7

Ⅰ．从…　Ⅱ．何…　Ⅲ．项目管理 - 应用软件
Ⅳ．F224.5-39

中国版本图书馆 CIP 数据核字（2007）第 150512 号

　　本书作者以多年从事建设管理咨询和项目管理的实践经验为依托，按照国际大型项目建设管理的流程和习惯，将国际先进的项目管理软件 Primavera（P3e/c）与工程管理实际需求相结合，从应用 P3e/c 软件进行项目管理的读者的角度出发，以具体的工程项目管理过程为例，由浅入深地介绍了 P3e/c 软件的使用方法、操作心得和应用要领，为广大项目管理者及建筑企业运用该软件提供指导。本书的出版可帮助读者更好地使用这个软件，更重要的是教会读者如何运用该软件进一步提高项目管理的效率。书中的案例均为实际工程，并附加了应用规划设计书的实例和某项目的应用实例，这为读者更好地理解该软件的操作方法以及解决实际工作中的问题提供了最为直接的参考。

　　本书可作为工程项目管理者应用 P3e/c 软件进行项目信息化管理的参考用书，也可作为 P3e/c 培训教材和辅导手册。

＊　　＊　　＊

责任编辑：刘　江　赵晓菲
责任设计：赵明霞
责任校对：王雪竹　关　健

Primavera（P3e/c）项目管理软件系列丛书
从 Primavera（P3e/c）学习项目管理
何　丰　编写
上海普华科技发展有限公司组织策划

＊

中国建筑工业出版社出版、发行（北京西郊百万庄）
各地新华书店、建筑书店经销
霸州市顺浩图文科技发展有限公司制版
北京建筑工业印刷厂印刷

＊

开本：787 × 1092 毫米　1/16　印张：13½　字数：337 千字
2007 年 11 月第一版　　2007 年 11 月第一次印刷
印数：1—2,500 册　　定价：28.00 元
ISBN 978-7-112-09537-7
(16201)

序　言

　　得知公司同事何丰同志编写的《从 Primavera（P3e/c）学习项目管理》一书即将出版的消息，我很高兴。这本书本来是何丰同志为我们公司内部培训编写的，我们希望通过编写这样一部内部教材对公司近年来从事国际工程项目管理的经验作一个全面的总结，很显然何丰同志并没有简单地满足于这一要求，经过近两年的精心收集与整理，终于有了这本凝聚着他心血和劳动成果的著作。

　　中信建设国华国际工程承包公司是中信集团的一家子公司，主要从事国际国内工程总承包业务，尤其是近年来，公司经营实现跨越式发展。截至 2006 年底，我们公司在施合同额超过 50 亿美元，已签合同待开工建设的项目 10.98 亿美元，已签备忘录、框架协议的跟踪项目约 80 亿美元。其中包括中国国家体育场（俗称"鸟巢"）、阿尔及利亚东西高速公路、巴西坎迪奥塔火电厂、缅甸柴油机厂、委内瑞拉社会住房项目、印度尼西亚棕榈园等一批颇具国际影响力的 DB/EPC 项目，也包括西门子（中国）总部办公大楼等一批国内知名的工程建设项目。

　　要顺利完成这么多类型的国际国内知名工程项目，没有一套好的管理方法或管理软件是不可想象的，我们公司借助的主要管理软件就是何丰同志著作的主体——P3e/c 软件。实践证明，P3e/c 是一个非常好的工程项目管理的软件工具，其推广使用有利于节省工程项目的管理成本，提高效率，更方便与国际接轨。何丰同志非常熟悉这套世界上最著名的管理软件，并为我公司推广使用 P3e/c 软件做了大量的工作，出版这样一本具有很高理论水准与实用价值的图书对我国国际工程管理大有裨益。

　　随着国家"走出去"战略进一步实施，我相信会有越来越多的国内工程承包企业走出国门，在国际工程承包舞台上扮演越来越重要的角色。到那时，P3e/c 软件的使用一定会大放异彩。因此，作为一名长期从事工程管理的同行，我很愿意向大家推荐这本图书，我相信这本书对于我们工程管理行业水平的提升将很有益处。

中信建设国华国际工程承包公司总经理

2007 年 4 月

前　言

　　本人原是从事水电行业的建筑师，多年以来一直是干爬图板的工作。因为考取了国家监理工程师，慢慢转行到了项目管理，并且爱上了项目管理这一行。这些年以来，先后在设计、监理、业主、咨询公司、国际承包公司工作过，到过亚洲、非洲，从事过电力调度大楼、烟厂、湘泉酒厂、北京广播电视大楼等的监理工作，也作过刚果金沙萨人民宫的监理，管理过五星级的长沙湘泉大酒店与石家庄燕都大酒店的施工，也参与了国家体育场（鸟巢项目）、中央电视台新台址、国家博物馆等大型项目的招投标工作，参与了西门子中国总部大楼项目、缅甸柴油机厂、国家体育场等的项目管理工作。在实际工作中，我认识到了项目管理的重要性，并自觉刻苦学习项目管理软件，掌握了 PROJECT、P3 等国际知名的项目管理软件的使用方法，并且做到了在前人基础上有所发展，有所进步，先后在《国际工程咨询》、《中国工程咨询》、《项目管理技术》杂志发表了多篇论文。

　　P3 是美国 PRIMAVERA 公司开发的项目管理软件，是 Primavera Project Planner 的简称，是一个基于计算机技术和网络计划技术的工程项目管理软件，在国际上有着极高的知名度和普及程度，主要功能是进度、费用和资源管理，主要特点是软件之中融合了先进的项目管理的思维和方法，使得长期以来困扰大家的工期、进度、费用和资源投入情况等无法整体性的动态管理问题得到了很好的解决。此外，软件还能将工程的现行进度与目标管理有机地联系到一起，从而使得项目管理的思想和方法变为一种操作性很强的、切实可行的手段。

　　P3 作为专业的工程项目管理软件，能满足工程项目管理的许多要求，主要是进度控制，同时也可以进行费用控制和资源管理。特别是该软件可以将进度、资源、资源限量和资源平衡很好地结合起来，使得进度计划可以不再只是凭经验的定性计划，而是基于要完成的工程量、工作量并结合施工承包商的人、材、机资源而制定出来的定量的切实可行、科学合理的进度计划。另外，作为商业软件，P3 软件能够共享数据资源，使工程的众多参建各方如业主、监理、施工承包商可以同时在一个数据库下按授予的不同权限进行读写操作，共享数据。操作灵活方便也是 P3 软件的一大特色，丰富的视图管理，作业分类码，WBS 编码，多种工程日历、作业类型和逻辑关系，用户自定义编码，整体更新，资源平衡，自动汇总，数据组织、输入输出、网上发布等等，尤其是过滤器的使用，非常灵活。今天，P3 更发展到 P3e/c 版本，成为一个企业级的项目管理软件。

　　P3 软件的这些功能和特点，使其在国际上得到了普遍的赞誉和享有极高的知名度，尤其在西方发达国家更得到了广泛的应用，近年来在国内的水电、火电、核电、石油、化工等行业的大中型工程中，也得到了越来越广泛的应用。上海普华应用软件公司在推广 P3 方面做了大量的工作，也成为了 P3 的中国总代理公司，编写了一些内部教材。但是，由于没有公开发行的 P3 教材和资料，P3 的应用受到了很大的局限，各行各业的从事项目管理的人员很难学习这一先进的项目管理方法。与同是国际软件的美国微软公司的 PROJECT 相比，P3 软件以其专业性更胜一筹，已经成为了事实上的行业标准。

当前，学习项目管理已经蔚然成风，国内也出版了很多的 PROJECT 的教材，但 P3 的教材一直没有公开出版发行。为了改变这种面貌，我总结了在北京、广东、浙江、山东、河北、河南、内蒙古等多家单位从事 P3e/c 讲座的经验与自己亲力亲为的实践经验，开始了本书的创作，希望能以自己的微薄之力为广大读者提供一本可操作的应用指南。当然，由于本人水平有限，也缺乏有关的资料，可能书中也存在许多的问题与不足，但我想抛砖引玉，希望能够得到大家的批评和帮助，也为今后能有机会对本书做出修改与完善创造条件。书中借鉴了普华公司肖和平主编的《P3e/c 参考手册》等专著，列举了我在多年的工作中的一些成果，包含我在北京国金管理咨询公司、中信国华国际工程承包公司、北京普华软件公司等单位的一些工作成果，也包含了在有关杂志、网上收集的一些资料。

这本资料是为有志于学习 P3e/c 的读者而写的，但对于只学习 PROJECT 的读者也有帮助，因为我本人对于两种软件并不抱有偏见，我也是首先学会了 PROJECT 以后学习 P3e/c 的，软件有不同，但所从事的项目管理的原理是相通的。我希望读者通过对 P3e/c 的学习，能掌握项目管理的一些方法和手段，并能够运用到实际工程管理中去，从而提高项目的管理水平。

由于本人是搞建筑出身的，在本书中大量地采用了工业与民用建筑的设计、施工和管理例子，可能并不能完全说明 P3e/c 的强大功能，所举的例子也并不一定合适，但我想请广大读者朋友谅解，因为各位朋友可以从中领会到许多其他书籍中所没有涉及的管理方法。至于不能完全表明 P3e/c 的强大的功能，也请大家谅解，可参见本丛书的另外两本。

我要感谢我的妻子向毅芳女士，在我编写本书过程中因极为困难而打算放弃的时候，是她的热情鼓励让我继续编写；我也要感谢我的女儿何泽雨，她也是本书非专业方面的第一个读者。我要感谢中信国华国际工程公司的洪波董事长、袁绍斌总经理、梁传新总工程师、华东一副总经理、缅柴项目部陈晓佳经理、王和忍经理等对本书写作给予的大力支持和帮助，感谢国华公司其他同志对本书的审阅并提出宝贵的修改意见，我还要特别感谢"项目管理者论坛"网站的网友的支持。这是我在项目管理方面的第一次写作，一定存在很多问题与不足之处，希望得到大家的批评与指正。

何 丰
2006 年 10 月

目　录

第1章　P3e/c 基础

1.1　项目管理与 P3e/c 入门

1.1.1　认识项目管理

项目的表现形式多种多样。在古代，中国有万里长城、都江堰、秦始皇兵马俑、京杭大运河等巨大的工程项目，这些项目动用的人员、花费的金钱、消耗的时间都是十分巨大的。以湖北武当山的十大庙宇为例，明朝在全国征用了十万劳动力，花费了二十年时间，才得以完成，这里面需要多少管理工作啊。而现在，中国的三峡工程、神州六号载人航天飞船，更是国人的骄傲。这些工程都需要很好的管理技术，才能最好、最快、最省地建设出来。

那么什么是项目呢？美国 PMBOK 的定义是：一种旨在创造某种独特产品、服务或结果的临时性努力。项目具有以下特点：

1. 一次性

项目是一次性的、独特的创新性活动。修建一座大坝，是一次性的努力，它是一次创新性的活动，是一个项目。修建一栋房屋，也是一个项目。当然，与之相对应的就是生产性的工作，是循环往复的工作，就不能称为项目。比如举办一届奥运会，可以是一个项目。与之相反，工厂里的日常生产、日常生活，通常是不能视为项目的。一次性是项目的一个典型的特征，我们要分清楚什么是项目，什么不是项目，就需要考察是否是一次性的工作。

2. 目的性

项目必须有明确的目标，通常我们指的是质量目标、时间目标和成本目标。用4000 万元在两年时间里修建一个装机 3 台 3200kW 的电站，这就是目标。目的性是项目的一个典型特征。人干什么事都是有目的的，我们指的目的，一般是质量要求、时间要求和成本要求。质量目标是达到一个怎样的质量标准才能满足用户需要。建一栋楼房，需要满足坚固耐用、美观适用的要求，这就是我们所说的质量目标。时间目标是指必须在何时完成该项工程。如举办 2008 年奥运会修建的体育场馆，必须在奥运会举办前完成，差一天都是绝对不行的，这就是我们的时间要求。而成本要求是我们打算花多少钱去完成一项工作。建设一个项目，必须考虑成本，如果我们把成本控制在一定的范围以内，则这个建设是有利可图的，反之这种建设就毫无意义。

3. 约束性

项目的实施有一定的制约条件。比如一个水电站，它修在一条特定的河流的特定的坝址，这就是约束条件。事物都是处于一定的约束范围内的，建设一座工厂，必须考虑它的产品是否有市场、原材料是否容易获得、交通是否方便、电力及能源供应是否能满足需要。在 20 世纪 70 年代，我们在湖北建立了一座轧钢厂，里面有 2.7m 的轧钢机，这是当时世界上最先进的设备，但这一建设没有考虑到当时的电力供应的水平，这一轧钢机需要的电能大大超出了当时湖北省的发电水平，因此这一投资从建设的开始就是一个笑话，花费了几十亿元的项目就此下马，留给我们深刻的教训。

4. 生命周期性

任何项目都有开始、结束，也有一系列的中间阶段。通常，我们把一个电站的建设划分为立项阶段、设计阶段、施工阶段、竣工交付阶段。立项阶段是研究这个项目建设的必要性与可行性的，完成的标志是可行性分析报告的提交与批准；设计阶段是对这一建设项目提供设计图纸，设计阶段决定了投资额的大小、实施的具体步骤等内容；施工阶段是把设计图纸变成实物的过程，通过工程承建商和设备供应商的努力，工程的质量、进度、投资都是在这一阶段成为事实；竣工交付阶段是一个承前启后的阶段，对于建设阶段，它是一个总结，而对于使用阶段，它又是一个开始，这一阶段需要对工程进行全面的验收，业主对工程的设计、施工和建设监理工作作出评价，并办理验收手续。

5. 复杂性和广泛联系性

无论是修建一座大坝还是修建一所学校，需要考虑地理位置、交通条件、水文气象地质条件，需要考虑投资人、业主、设计单位、施工单位、搬迁移民等等，这些关系是极为错综复杂的。通常很难说哪一项决策是完全正确的，它能够完全满足各方面的利益。如建设一座防洪水库，可以解决下游几十万人口的水患威胁，但建设的同时，又必须解决水库淹没区的移民搬迁问题，举世瞩目的三峡工程就有百万大移民。这些工作都是极为复杂的和具有广泛联系性的。认清项目的复杂性，对于我们搞好项目管理是有很大的意义的。

1.1.2 项目管理的五阶段

项目管理就是将各种知识、技能、工具和技术应用于项目之中，以达到项目的要求。项目管理是通过诸如启动、规划、实施、控制与收尾等过程进行的。

对于房屋建筑工程，一般是分为立项阶段、设计及可行性研究阶段、招投标阶段、建造阶段、竣工验收阶段。立项阶段是国家批准项目建议书。可行性研究是指编写与报审可行性研究报告，这是一个工程的关键环节，因为涉及项目的深入研究尤其是方案比选，则可能在功能策划、选址及建筑方案设计上出现风险。设计阶段一般分为方案设计、初步设计、施工图设计。招投标阶段需要通过公开招标，确定施工总包单位、主要分包单位、施工监理单位。建造阶段即房屋建筑的施工阶段。最后是竣工验收阶段，业主通过检查验收，对房屋的质量进行检查，最后签发合格证书，完成该项目。

对于业主来说，一般很重视房屋建筑的施工阶段，对于前期的立项、可行性研究并不是很重视。其实这种观点是错误的。一个项目的成功，是从策划开始的，在项目的立项阶段和可行性研究阶段，就已经决定了它的用途、规模、投资。设计阶段是进入开发阶段最重要的阶段，所有的策划都需要经过设计使之变为现实，设计阶段也是投资控制的重点，一般通过方案设计、初步设计、施工图设计，逐渐细化明确投资额度。而招投标阶段则是选择承包商，谈判条件，使之能更快、更好地建设项目，以实现投资目的。

对于竣工阶段，是对前述工作尤其是施工的检查验收，这一阶段对于今后的使用起到了承前启后的作用。对于工业项目的开发，与上述基本是一致的，但在立项与可行性研究阶段要更注意市场调查。在建设阶段，不仅有建筑安装工程的施工，更重要的是工艺加工阶段。设备订货、监造、安装、调试是工业项目的重点工作。

以缅甸多功能柴油机厂项目为例，工厂由生产部门、辅助部门、公用动力部门、办公和生活设施组成，其中生产部门由铸造车间、锻造车间、机加一车间、机加二车间、装配实验车间、热处理车间及厂区公用系统组成。工期 30 个月，其中包含了设计、施工与试生产的全部工作，需要向缅甸提交能生产出合格的柴油机的工厂，而不仅仅是厂房与机械设备的组合。需要提交的大小机械设备就有 1300 多台套，还包括了对缅方人员的培训。与常规的项目比较，厂房建设还是较为简单的，但复杂的工作是生产工艺的提供。这一项目是由许继集团、中信国华公司与机械部第四设计院、河南柴油机厂、407 厂等单位通力合作完成的，其中河南柴油机厂负责了技术转让、生产工艺的提供与人员培训。对于这样一种交钥匙工程，在计划的编制过程中必须极为重视试生产调试阶段。我们在分析后，压缩了前期建设的工期，增加了后期的工期，把试生产调试的时间由最初确定的 3 个月改为 6 个月。

1.1.3　项目管理的三要素

项目管理中，最重要的是质量、工期与成本三要素。

质量是项目成功的必须与保证，没有质量就没有一切。质量管理包含质量计划、质量保证与质量控制。通过制定质量计划，确定适合于项目的质量标准并决定如何满足这些质量标准。质量保证是定期评价总体项目绩效，以树立项目满足相关质量标准的信心。质量控制是监控项目的执行，以确定是否符合相关质量标准，并制定相应的措施来消除绩效不令人满意的原因。我们国家对于质量的管理一直都是十分重视的，各个施工企业也都在项目施工之前编制了施工计划，其中质量管理是主要的内容。

进度管理是保证项目能够按期完成所需的过程，包括活动定义、活动排序、活动历时估算、进度计划编制、进度控制。通过上述过程的管理，保证项目在确定的工期完工。我们国内在编制进度计划时的一个缺点是只编制施工本身的计划，而不去编制设计计划、设备材料的采购计划，不考虑业主原因造成的停工损失，这样的计划就没有了可行性。因为施工不是一个单纯的过程，它必然受到设计、材料采购的制约。我们需要的不是单纯考虑施工各工序的相互影响的计划，而是一个全面的包含了业主、监理、设计院的工作和施工总包单位、分包单位和主要设备材料供应商的综合计划。只有这样的计划，才是可以执行的计划，在这样一种大的计划指导下，各参与建设的单位编制自己的分解计划，才能保证工程的顺利进行。

成本管理是保证项目在批准的预算范围内完成项目的过程，包括资源计划的编制、成本估算、成本预算与成本控制。这里要十分强调成本估算、成本预算与成本控制必须从立项、设计阶段抓起，在初步设计时，就需要保证设计概算不突破投资估算，在施工图设计时，需要保证设计预算不突破设计概算，否则就必须修改设计甚至需要放弃这一项目。我们以前的建设工程一再出现投资翻番的问题，其根本的一条就是我们没有重视成本控制，或者没有重视从源头开始控制投资。

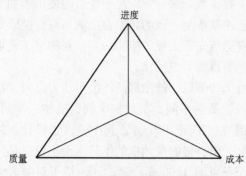

图 1-1　项目管理三要素的关系图

三要素应该同时满足，不可偏废。对于商业开发的项目而言，没有好的质量，房屋就卖不出去；没有按期完成施工，就会失去商业机会，也就不会有好的经济效益；没有控制好成本，就会造成造价过高，也会造成经济损失。

三要素的关系可以用图 1-1 表示。

1.1.4　用 P3e/c 做时间计划

在此，我们首先看一个实际工程是如何用 P3e/c 做计划的例子。麦圆变电站工程的时间计划原是网友发表在网上，是用 PROJECT 做的，我把它转化成了 P3e/c 的工作实例，如图 1-2 所示。

1.1.5　P3e/c 可以帮我们做什么？

我们看一看 P3e/c 能够帮助我们做些什么：

1. 企业级项目管理的解决方案

1) 支持多项目、多用户。

2) 企业项目结构（EPS）使得企业可按多重属性对项目进行随意层次化的组织，使得企业可基于 EPS 层次化结构的任一节点进行项目执行情况分析。

3) 客户/服务器结构。

4) 支持 Oracle/SQL Server/MSDE 数据库。

5) 整个企业资源可集中调配管理。

6) 个性化的基于 Web 的管理模块，适应于项目管理层、项目执行层、项目经理、项目干系人之间良好的协作。

2. 基于 Web 的团队协作

1) 企业领导层对项目进度、资源、费用进行综合分析，也可作计划调整和进度更新，实现大部分客户端的功能操作——MyPrimavera。

2) 基于 Internet 的工时单（Timesheets）任务分发和进度采集——PR。

3) Web 发布向导可以方便快捷建立项目网站，其中可包含项目详细信息、报告和图形。

3. 强大的企业资源管理

1) 跨项目的资源层次化分级体系。

2) 图形化资源分配及负荷分析（剖析表与柱状图）。

3) 跨项目的资源调配与平衡。

4) 可基于项目角色需求进行项目团队组建。

5) 具有费用科目和费用类别，对项目人力和非人力资源费用进行分类统计分析。

4. 企业标准经验知识库管理

1) 利用项目构造功能快速进行项目初始化。

2) 可重复利用的企业的项目模板。

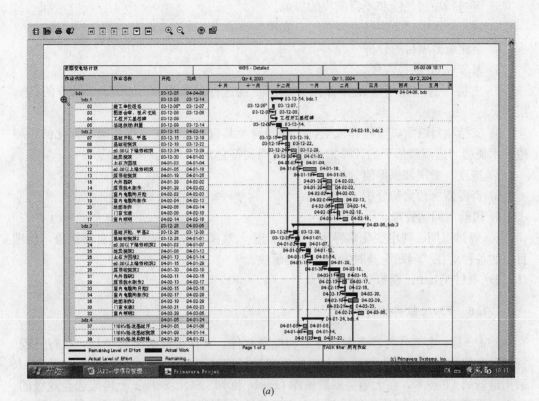

图 1-2　麦圆变电站计划实例

3）可进行项目经验和项目流程的提炼。

4）对已完成的项目进行经验总结，实现企业的"Best Practice"（最佳的实践）。

5. 企业级多项目的分析

1）基于 Web 的报告和综合分析。

2）支持"自上而下"预算分摊方式，而且这种分摊可基于 EPS、WBS 的任一层次。

3）支持项目权重、里程碑权重、工序步骤及其权重，这些设置连同多样化的赢得值技术使得"进度价值"的计算方法拟人化而又符合客观实际。

4）进度、费用和赢得值分析。

5）资源需求预测和分析。

6. 风险与问题管理

1）通过工期、费用变化临界值设置和监控，对项目中出现的问题自动报警，使项目中的各种潜在"问题"及时发现并得到解决。

2）项目 What-if 模拟分析。

1.1.6　P3e/c 软件简介

P3e/c 是一个综合的、多项目计划和控制软件，它在企业级上对项目、执行过程、资源和费用进行管理，非常适合大型施工建设行业（包括建筑、设计和施工）。P3e/c 采用最新的 IT 技术，在大型关系数据库 Oracle 和 MS SQL Server 上构架起企业级的、包含现代项目管理知识体系的、具有高度灵活性和开放性的、以计划—协同—跟踪—控制—积累为主线的企业级工程项目管理软件。

P3 只能管理单一的大型项目，而使用 P3e/c 可以使企业在优化有限的、共享的资源（包括人、材、机等）的前提下来对多项目进行预算、确定项目的优先级、编制项目的计划并且对多个项目进行管理。它可以给企业的各个管理层次提供广泛的信息，各个管理层次都可以分析、记录和交流这些可靠的信息并且及时地作出有充分依据的符合公司目标的决定。P3e/c 是可以进行企业级项目管理的一组软件，可以在同一时间跨专业、跨部门，在企业的不同层次上对不同地点进行的项目进行管理。

P3e/c 由基于 C/S（客户端/服务器端）和 B/S（浏览器/服务器端）结构的五个组件组成，通过它的各个组件为企业的各个管理层次以及外部的有关人员提供了简单易用的、个性化界面的、协调一致的工作环境。

P3e/c 可以使企业总结和再利用项目管理的最佳的实践经验，从而不断地提高项目管理水平，缩短项目的周期、节约成本、合理调配资源。

P3e/c 为中高级管理层提供了可以选购的功能极其强大的高层计划编制、资源调配和项目信息查询分析组件——MyPrimavera。MyPrimavera 是基于 Web 的，可以通过互联网访问有固定 IP 地址的 P3e/c 的数据库服务器或者通过局域网来访问 P3e/c 的数据库服务器，可以满足领导移动办公的需要。有了 MyPrimavera，中高级管理层不再只能看到信息量很小的、空洞的纸面计划，而是既可以看到宏观的高层计划和完成情况，也可以看到最详细的底层作业计划和完成情况。通过一目了然的项目健康状况指示灯，可以直观地了解项目的执行情况和存在的问题（进度、资源、费用上等多个角度），项目的风险等信息，并可以追根溯源查到问题发生的原因以及对应的责任人，还可以在 MyPrimavera 中直接发送电子邮件给有关责任人，通知并指示责任人解决问题。

1.1.7　Primavera 4.1 版对软件环境与硬件的需求

Primavera4.1 支持如下 Oracle 或 Microsoft SQL-Server 数据库，见表 1-1、表 1-2。

Oracle 数据库　　　　　　　　　　　　　　　　　　　表 1-1

	Windows NT/2000	Unix	Linux
Oracle 8.1.7.4 标准版或企业版	支持	支持	支持
Oracle 9i 标准版或企业版	支持	支持	支持

Microsoft SQL-Server 数据库　　　　　　　　　　　　表 1-2

	Windows NT/2000	Unix	Linux
SQL Server 7.0 标准版或企业版	支持	不支持	不支持
SQL Server 2000 标准版或企业版	支持	不支持	不支持
Microsoft SQL Server Desktop Engine(MSDE)2000	支持	不支持	不支持

Primavera4.1 对数据库服务器的要求，见表 1-3 及表 1-4。

Oracle 数据库安装服务器需求　　　　　　　　　　　　表 1-3

文件	小	中	大
Temp TBS	300MB	500MB	1000MB
RBS TBS	300MB	500MB	1000MB
Index TBS	250MB	500MB	1000MB
Data TBS	250MB	500MB	1000MB
Lob TBS	250MB	500MB	1000MB
总容量	350MB	2500MB	5000MB
内存	384MB	512MB	1024MB 及以上

Microsoft SQL Server 数据库安装服务器需求　　　　　表 1-4

文件	小	中	大
Data	300MB	500MB	1000MB
Data Log	150MB	250MB	500MB
Temp	100MB	200MB	275MB
Temp Log	50MB	100MB	125MB
总容量	600MB	1050MB	1900MB
内存	384MB	512MB	1024MB 及以上

Primavera4.1 的 C/S 模块（Project Manager，Methodology Manager，Portfolio Analyst）的系统配置要求见表 1-5 所列。

Primavera 4.1 的 C/S 模块的系统配置要求　　　　　表 1-5

操　作　系　统	硬　件　需　求
Microsoft Windows 98 Second Edition	128MB 最低内存，256MB 为推荐内存 40MB 硬盘空间/每个模块 Microsoft Internet Explorer 5.5(SP2)或更高 TCP/IP 网络协议
Microsoft Windows NT 4.0 (SP6a)	
Microsoft Windows 2000 (SP4)	
Microsoft Windows XP Professional (SP1)	

MyPrimavera 4.1 的系统配置要求见表 1-6～表 1-9 所列。

MyPrimavera 4.1 应用程序服务器系统配置要求　　　　　表 1-6

操　作　系　统	JDK 版本	硬　件　需　求
Microsoft Windows 2000 Server(SP4)	JDK1.3.1 或 JDK1.4.1(WebLogic Express 7.0.1 要求 JDK 1.3.1, WebLogic 8.1.1 和 Tomcat 4.1.24 要求 JDK 1.4.1,)	■512 MB 最低内存，推荐 1 GB 内存 ■1GB 最小硬盘空间
Windows 2003 Server		
Solaris 2.9(SPARC)		

MyPrimavera 4.1 JSP 服务器的系统配置要求　　　　　表 1-7

JSP 服务器配置要求	
WebLogic 7.0.1	IBM WebSphere Application Server v5.0.2
WebLogic 8.1(企业版)	Tomcat 4.1.24

MyPrimavera 4.1 Web 服务器的系统配置要求　　　　　表 1-8

Web 服务器配置要求
Microsoft Internet Information Server(IIS)5.0 或 6.0
BEA WebLogic Express 7.0.1
BEA WebLogic Server 8.1(SP1)Enterprise
IBM WebSphere Application Server v5.0.2
Tomcat 4.1.24
Apache HTTP Server 2.0.399 或更高
Sun ONE Web Server 6.0 sp5(formerly iPlanet)
支持 SMTP 进行邮件收发
TCP/IP 协议

MyPrimavera 4.1 客户端的环境需求　　　　　表 1-9

操作系统	硬　件	软　件
Windows 98 SP1	128MB 最低内存； 256MB 为推荐内存； 25MB 硬盘空间	■Microsoft Internet Explorer 5.5 或更高； ■JRE1.3.1_02(不带 SSL)； ■JRE1.4.2_01； ■TCP/IP 网络连接
Windows 98 第二版		
Windows NT 4.0 工作站 SP6a		
Windows 2000 Professional SP1 或更高版本		
Windows Millennium(Me)		
Windows XP Professional		

Collaboration 服务器系统配置要求见表 1-10 所列。

Collaboration 服务器系统配置要求　　　　　　　　　　表 1-10

操 作 系 统	硬 件
Microsoft Windows 2000 Server(SP4)	Pentium 2.4GHz 以上 双 CPU
Microsoft Windows 2000 Advanced Server(SP4)	1GB 内存
Windows 2003 Server	1GB 最低硬盘空间
Solaris 2.9(SPARC)	

Progress Reporter 的系统配置需求见表 1-11～表 1-13 所列。

Progress Reporter Group Server 4.1 服务器的系统配置需求　　　表 1-11

操 作 系 统	硬 件 需 求
Microsoft Windows 2000 Server(SP4)	
Windows 2003 Server	■512MB 内存
已经安装了 Web 服务器,并能启动运行	■200MB 硬盘空间
Microsoft TCP/IP 网络协议	

Progress Reporter 4.1 Web 版客户端的环境需求　　　　　表 1-12

操 作 系 统	软 件
Windows 98 SP1 基于 Intel	
Windows 98 第二版	■Microsoft Internet Explorer 5.5 或更高;
Windows NT 4.0 工作站 SP6a	■JRE1.3.1_02(不带 SSL);
Windows 2000 Professional SP1 或更高版本	■JRE1.4.2_01;
Windows Millennium(Me)	■TCP/IP 网络连接
Windows XP Professional	

Progress Reporter 4.1 Desktop 版客户端的环境需求　　　　表 1-13

操 作 系 统	软 件
Windows 98 SP1 基于 Intel	
Windows 98 第二版	
Windows NT 4.0 工作站 SP6a	■JRE1.3.1_02(不带 SSL);
Windows 2000 Professional SP1 或更高版本	■JRE1.4.2_01;
Windows Millennium(Me)	■TCP/IP 网络连接
Windows XP Professional	

Primavera Job Service 4.1 服务器的系统配置需求见表 1-14 所列。

Primavera Job Service 4.1 服务器的系统配置需求　　　　表 1-14

操 作 系 统	硬 件 需 求
Microsoft Windows 2000 Server(SP4)	
Windows 2003 Server	■512MB 内存
Microsoft TCP/IP 网络协议	■200MB 硬盘空间

1.2 P3e/c 的安装简介

P3e/c 安装前，先应该安装好 SQL 数据库或 Oracle 数据库。下面简单介绍安装 Project Manager 数据库和 Methodology Manager 数据库的方法。

1）插入 Primavera 4.1 光盘，运行 setup.exe 程序。

2）安装产品的 Product key，如图 1-3 所示。

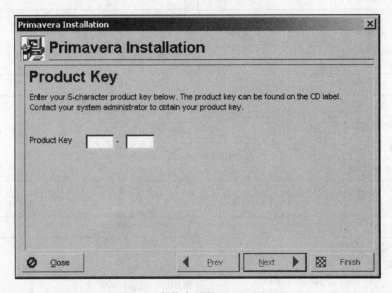

图 1-3 安装产品的 Product key

3）请选择 "Primavera application or components"，如图 1-4 所示。

4）请选择 "Server database and application data" 或者 "Other Components" 的安

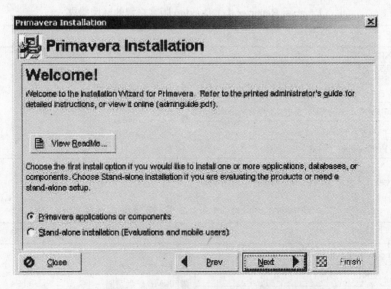

图 1-4 选择 "Primavera application or components"

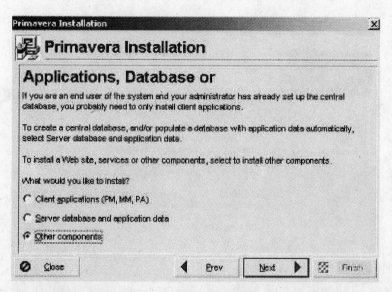

图 1-5　"Application，Database，other component" 的选择

装，如图 1-5 所示。

5）请选择 "Server Database（for PMDB or MMDB）"，进行数据 PMDB 或 MMDB 的安装，如图 1-6 所示。

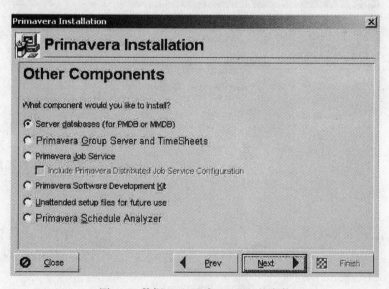

图 1-6　数据 PMDB 或 MMDB 的安装

6）提示进行数据库的安装，如图 1-7 所示。

7）拷贝安装程序所需的临时文件，如图 1-8 所示。主要是安装 Borland Database Engine（BDE）文件。

8）选择数据库的类型，Oracle 或者 Microsoft SQL Server or MSDE，如图 1-9 所示。并选择是否安装样例工程数据到将创建的新的数据库中。如果不选择，新安装的数据库中将没有样例数据库，只有应用程序数据库的基本框架数据。

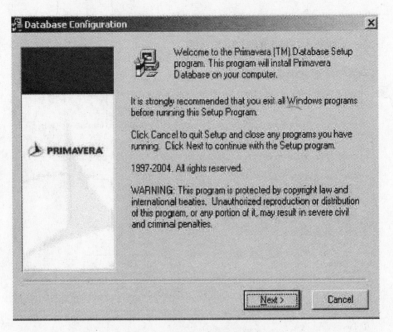

图 1-7　数据库安装的提示

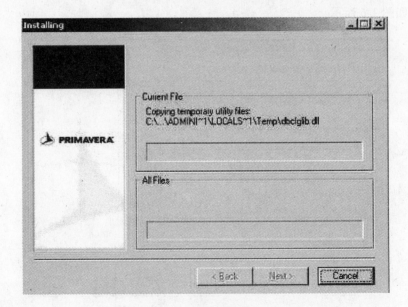

图 1-8　拷贝临时文件

9）选择安装的是哪个数据库，如图 1-10 所示。PMDB 是 Project Manager 的数据库。

10）选择安装数据库的方式，"Create database and load application data（创建数据库并安装应用程序数据库数据）"或"load application data only（数据库已经创建，只安装应用程序数据库数据）"，如图 1-11 所示。

如果选择 load license key file 复选框，那么现在对数据库载入许可文件，如果不选

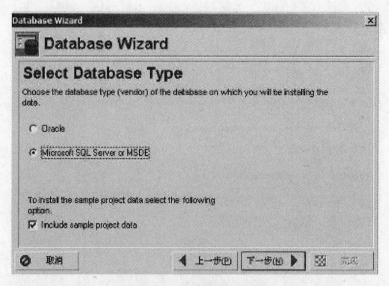

图 1-9 数据库类型的选择

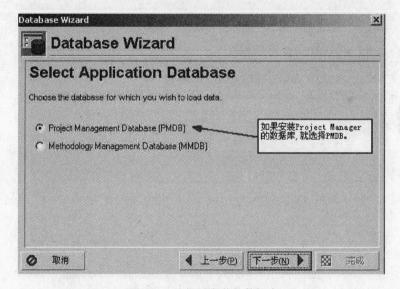

图 1-10 选择要安装的数据库

择这个框，那么在数据库安装完成之后，可以通过数据库的配置方式载入许可文件。License 文件一般通过 Email 或者用磁盘提供给客户。

11）开始载入应用程序数据库数据。

12）输入 MS SQL Server 数据库服务器的名称，以及访问的用户名及密码，如图 1-12 所示。

System Admin Name：MS SQL Server 系统管理员的用户名；

System Admin Password：MS SQL Server 系统管理员的密码；

Server Name：安装了 MS SQL Server 数据库服务器，并计划安装 P3e/c 数据库的服务器名称。

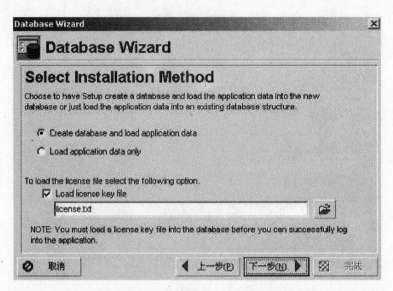

图 1-11　选择数据库安装的方式

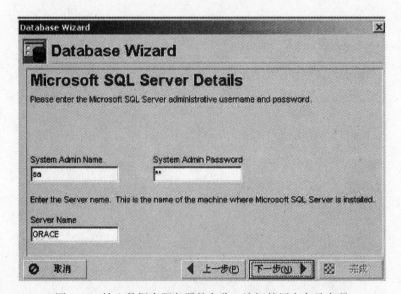

图 1-12　输入数据库服务器的名称、访问的用户名及密码

13）输入 Project Manager 数据库的名称，默认情况下为 PMDB，如图 1-13 所示。

14）设置 Database Codepage 请选择 Simplified Chinese，如图 1-14 所示。

15）Database Collation 的选择可以根据自己的需求，如图 1-15 所示。

Case Insensitive：字典排序，不区分大小写；

Accent sensitive：字典排序，区分大小写；

Accent Insensitive：字典排序，不区分大小写；

16）开始创建数据库名，如图 1-16 所示。

17）开始加载应用程序数据库数据，如图 1-17 所示。

18）加载数据库数据，要求等待几分钟，如图 1-18 所示。

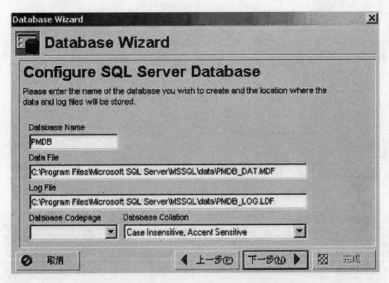

图 1-13　输入 Projeet Manager 数据库名称

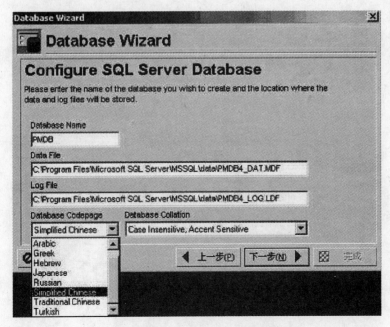

图 1-14　设置 Database Codepage 的语言

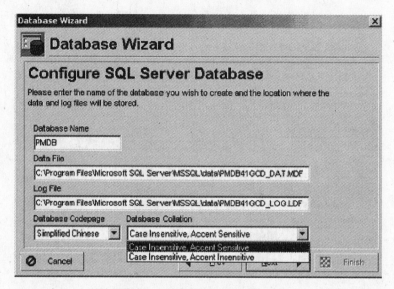

图 1-15　选择 Database Collation

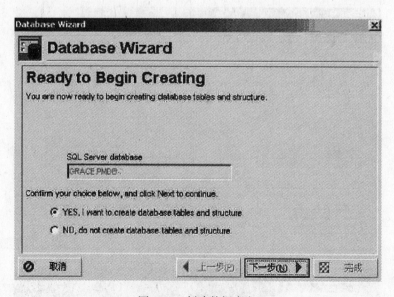

图 1-16　创建数据库名

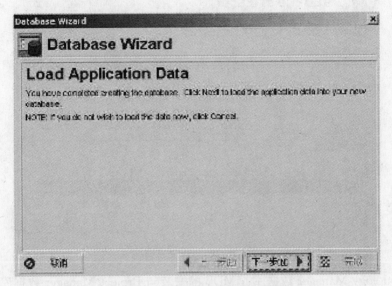

图 1-17　加载应用程序数据库数据

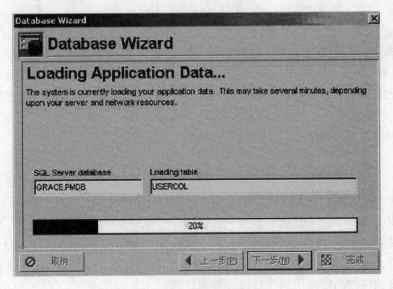

图 1-18　加载数据库数据

19）点击完成，关闭数据库的创建向导程序，如图 1-19 所示。

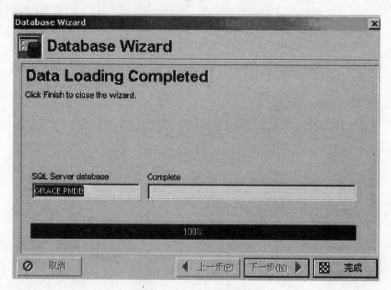

图 1-19　数据库创建完成

·Methodology Manager 数据库 MMDB 的安装与 Project Manager 数据库 PMDB 的安装方法是一致的。只是在选择数据库时选择"Methodology Manager"。

这样，我们就已经完成了 PM 的安装，下一步我们将进入 PM 里面，看一看 P3e/c 是怎样帮助我们解决项目管理中存在的问题的。

1.3　初识 P3e/c

上一节介绍了什么是 P3e/c 软件以及 P3e/c 软件的主要组成，下面将给大家介绍 P3e/c 的主要功能，即进度计划的编制。我们知道，P3e/c 软件是用于计划编制的软件，而微软的 PROJECT 软件也是编制计划的软件，那么 P3e/c 与 PROJECT 软件的异同是什么？P3e/c 先进在什么地方？这也是我们需要给大家分析清楚的。通过这节的学习，希望大家能够掌握如何用 P3e/c 编制一个简单的计划。

1.3.1　PRIMAVEA 公司及 P3 软件简介

在介绍 PM 之前，先给大家简单介绍一下 P3e/c 的编制公司——美国 PRIMAVRA 公司。PRIMAVEA 公司成立于 1983 年，具有 20 年专业项目管理经验，是世界上最大的企业项目管理软件供应商，全世界 263 国家当中的 157 个国家有其客户，有超过 350000 用户，分布在 41000 多个公司，在 85 个国家有其代表处，自 1983 成立以来，其项目管理软件产品所应用的项目投资额累计超过 4.9 万亿美元。

在美国，DOD（国防部）、DOE（能源部）、DOT（交通部）、NASA（国家宇航中心）等政府部门，在项目建设时不但自己使用 P3 系列软件，并规定参与方也必须用 P3 系列软件对项目进行管理。美国许多著名的跨国集团和工程公司：如 Boeing（波音）、Lockheed Martin（洛克希德）、McDonnell Douglas（麦道）、Bechtel（柏克德）、Fluor

Daniel（福陆丹尼尔）、Foster Wheeler（福斯特威勒）、Westing House（西屋）、Coca-Cola（可口可乐）、Honeywell（霍尼维尔）、Intel（英特尔）、AT&T（国际电报电话公司）、Motorola（摩托罗拉）等都使用 P3 系列软件对项目进行管理。在德国、法国、英国、澳大利亚、日本等，P3 系列软件应用也十分广泛。P3 已经成为了国际上应用最广的项目管理软件。

在我国，普华软件公司等单位开展了卓有成效的 P3 软件推广工作，用户中包括了水电方面的三峡、小浪底、广蓄二期、天生桥一级、二滩、水口、五强溪、天荒坪、莲花等百万千瓦级以上的国家重点水利水电建设工程；石油化工方面的大庆乙烯、辽阳化纤、大连炼油装置、齐鲁 45 万 t 乙烯、燕化扩建改造工程、洛阳重油装置、安庆大化肥、扬子乙烯、金陵石化腈纶装置、福建炼油厂二期、广州乙烯芳烃装置、茂名 45 万 t 乙烯等国家石油化工重点建设项目；交通方面的秦皇岛煤码头四期、北仑港三期、江阴长江大桥、京沪高速公路（河北段）、汕头大桥、深汕高速公路、广州东环高速公路、广州地铁、山东潍莱高速公路、济南环城高速公路、湘耒高速公路等国家重点交通工程；油田方面的大庆油田、胜利油田、塔里木油气田、吐哈油气田、青海油田、江苏油田、华北油田、克拉玛依油气田、长庆油气田等国家重点石油天然气项目；火电方面的江苏利港电厂、江苏扬州电厂二期、山东日照电厂、山东潍坊电厂、宁波北仑电厂二期等国家重点火电建设项目；还有我国所有在建的核电站。这些工程中许多是业主、监理、承包商统一装备 P3 系列软件。

P3 系列软件之所以有今天在全世界广泛应用的局面，根本的原因是软件具有完善的功能，尤其是融合在软件之中的项目管理思维和方法论。P3 软件很好地演绎并发展了 20 世纪 50 年代中期发展起来的网络计划技术（CPM、PERT），并在管理功能方面丰富了网络计划技术，使得长期以来困扰大家的工期进度和投资（成本）情况无法整体性的动态管理的问题得到了很好地解决。此外，还根据管理学思维，将上述进度与投资的动态管理过程与目标管理的方法有机地联系在一起，从而使项目管理的办法变为一种可操作性很强的、切实可行的手段。从 20 世纪 80 年代初开始有 P3 系列软件到今天的十几年时间，P3 系列软件很好地吸收了其间发展起来的项目管理理论和计算机技术，使得用户能够"买一个软件，得两种新技术"。

使用 P3 软件，可将工程的组织过程和项目实施步骤进行全面的规划、编排，以便在工程项目实施初期对多种方案进行深入的研究与比较，更科学地进行目标进度安排。在项目实施过程中使用 P3 可对进展情况进行分析对比，根据实际情况给出未来的计划安排。由于 P3 是广义的网络计划技术，不但能给出作业的时间进度安排，还能给出要完成这一时间进度所需要的投资需求，使项目管理的内涵渗透到各个职能部门，使项目管理不顾此失彼。P3 是定量的工具，也不失为定性的指导手段。目标管理是 P3 又一核心内容，这一方法使得项目的参与者，首先要重视进度计划，树立起进度计划的严肃性，使各参与方都有一份统一的关于进度的指导性文件，并为兑现该文件中所载明的各种时间要求作出努力。工程进展过程中，软件会一目了然地告诉您哪些工作超前了，哪些工作落后了，为什么会落后，是谁的责任，哪些工作实际何时开工、完工，本来应该何时开工、完工，到现在为止，实际完成了多少工程量、投资，本来应该完成多少工程量、投资等。

P3e/c 是针对施工建设行业量身定做的企业级计划进度控制管理软件。其中：

- P3——Primavera Project Planner
- e——Enterprise（企业）

  c——Construction（施工建设）

P3e/c 是近年以来 P3 的新发展，与 P3 相比，P3e/c 的特点有：

1）就项目管理概念而言，P3 与 P3e/c 的没有重大区别，区别在于 IT 技术，P3e/c 采用了近年来的 IT 技术进行开发，因此 IT 技术更加先进。

2）P3e/c 基于大型数据库，Oracle 或 SQL Server 由用户选择，而 P3 是基于 Btrieve 的，不是主流数据库，从发展来讲受到了限制。

3）P3e/c 采用 3 层结构（或者说执行层基于 Browser，分析层基于 Client，进度计划的计算引擎却在 Server 上）。这样一来，项目计划编制与进度控制在企业范围内的实现就软件系统环境来讲已先做到，为企业对全部项目进行集中管理打下软件构架基础。P3 作为面向项目和 LAN 的项目管理工具，在结构层次上的考虑由于历史的原因有些欠缺，要实现同样的 3 层结构，需要大量的二次开发。

4）P3e/c 在层次管理/矩阵管理方面，由于数据库的改变而显得更加灵活、复杂。例如在 WBS、OBS 之外，现在可以有 RBS（资源结构分解）和 EPS（企业项目结构）。这些内容的引入，增强了集团公司对多项目信息化管理的多样化手段。一个集团公司将来可以在总部安装一套 P3e/c 软件，建立标准的集团公司项目结构 EPS，远程的项目可以通过 VPN 专线直接使用总部的 P3e/c，各个项目自动进入 EPS 构架，从而真正实现企业级的多项目管理，这一形式利用 P3 实现起来是很难的。

5）P3 考虑的是项目级在局域网上运行的环境，因此不分模块，大家都使用同一个软件；P3e/c 考虑了不同的人使用不同的模块。专业计划人员使用 P3e/c 本身，领导层使用 MyPrimavera 而执行层使用 PR。

6）除传统的 P3 的功能，P3e/c 增加了风险分析的功能，即把原来的 Monte Carlo 放入了 P3e/c。

7）除传统的 P3 的功能，P3e/c 增强了赢得值分析的功能（在 MyPrimavera 的模块中），即把原来 Parade 功能放入了 P3e/c。（Parade 是 Primavera 过去 DOS 的产品，基于 EV 技术分析工具）

8）除传统的 P3 的功能，P3e/c 增加了文档管理功能，即想做点 PDM 的事情（PDM，Project Data Management 项目数据管理）。

9）除传统的 P3 的功能，P3e/c 增加了资源级别、角色管理功能和管理。

10）除传统的 P3 的功能，P3e/c 增加了工序可进一步细化为若干步骤（Steps）的功能，不同的步骤还可设不同的权重，作业完成百分比可以基于作业步骤及步骤权重来计算，使得作业进展更加容易评估。

11）P3e/c 具有 Portfolio 管理功能：使得管理层和决策层在不需要打开项目的前提下，能够快速分析所有项目、单个项目的总体进度、费用执行状态；

12）P3e/c 具有临界值监控功能：让管理者快速关注项目焦点问题；

13）P3e/c 具有模板/经验知识库的管理功能，提高项目经验数据的可重复利用性，可大大加快项目初始化进展速度；

14）P3e/c 具有 WBS 视图和 WBS 里程碑设置功能，使得项目总体进展评估更加准确；

15）P3e/c 支持 EPS、项目、WBS 层次的预算/资金计划自上而下进行分解；

16）P3e/c 一次可以打开公司所有项目、20 位作业代码，层次树状结构的 EPS、WBS、RBS、CBS 使得数据统计汇总分析更加方便快捷；支持图文混排的记事功能。

1.3.2　PM 的启动

介绍了 P3e/c 软件之后，我们将启动 PM 组件，看一看 P3e/c 是怎样解决我们在项目管理中遇到的问题的。

现在我们一起打开 PM，如图 1-20 所示。

输入用户名，口令，就可以进入了。

如图 1-21 所示，PM 分为目录区，菜单区，数据表格区。菜单区是下拉式菜单，与微软公司的 WORD 类似，分为文件、编辑、显示、项目、企业、工具、管理员、帮助。目录区在 PM 的左边，分为项目、资源、报表、跟踪、WBS、

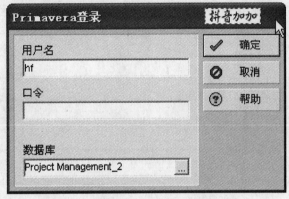

图 1-20　Primavera 登录窗口

作业、分配、产品及文档、其他费用、临界值、问题、风险等。中间的区域是数据区，在此显示项目管理的具体内容。我们需要打开的项目，就点击项目打开。

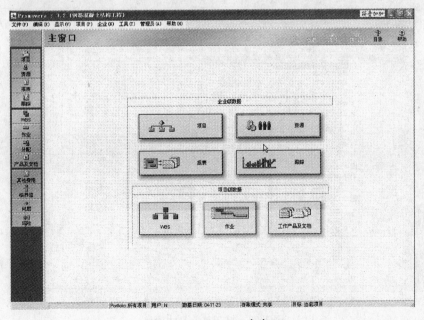

图 1-21　Primavera 主窗口

现在我们点击项目，试着打开一个项目，如图 1-22 所示。

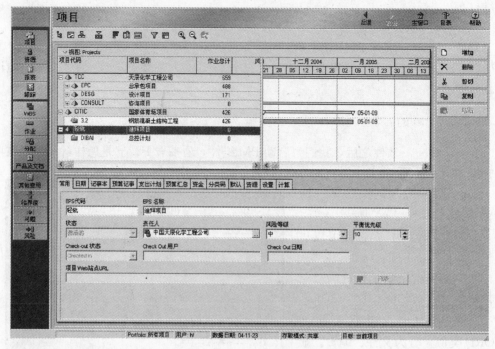

图 1-22　项目管理列表

我们单击鼠标右键，打开国家体育场项目的计划，如图 1-23 所示。

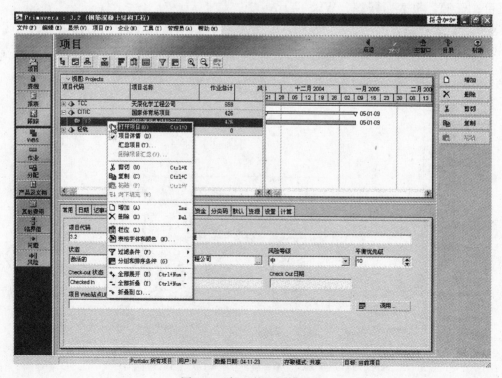

图 1-23　打开某一具体项目

就进入了国家体育场项目了，如图 1-24 所示。

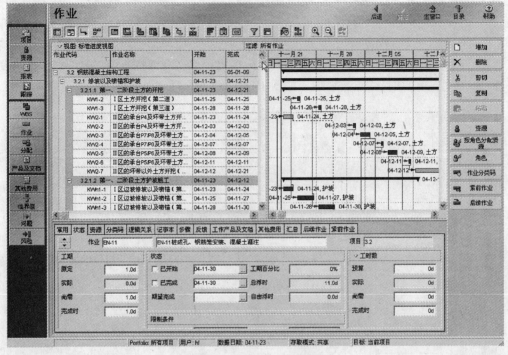

图 1-24　项目打开后视图

1.3.3　PM 的视图

由于 PM 视图内容很多，在此重点介绍的内容是项目、WBS、作业三个主要界面的内容。

1. 项目页面

与 PROJECT 软件不同，P3e/c 把所有的管理的项目都储存在数据库里，因此，点击项目就可以打开需要的项目。

我们看图，数据表格区分为两栏，其上部区域反映的是项目的内容。现在显示的是项目的代码、名称、作业统计等内容，右面显示项目的横道图。下部反映的是项目的属性。如图 1-25 所示。

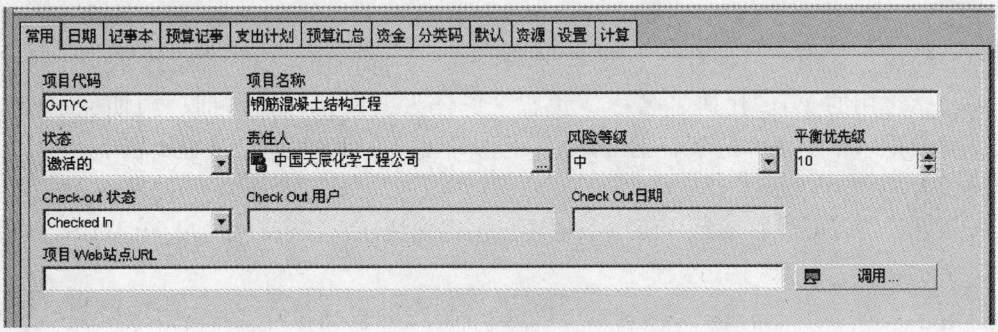

图 1-25　项目属性

项目的属性有很多，我们现在看见的是项目的一些基本属性，包括项目代码、项目名称、所处的状态、责任人、风险等级、优先级等。对于一个项目，还有日期、记事本、预算记事、支出计划、预算汇总、资金、分类码、默认、设置、计算等许多内容。

我们需要打开哪个项目，移动鼠标到那个项目，点击右键打开该项目即可。如果我们需要新建立一个项目，点击增加，如图 1-26 所示，即可增加项目。

图 1-26　创建新项目

2. WBS 页面

WBS 页面是 P3e/c 的一个重要页面，如图 1-27 所示。

与项目页面相同，也分为上下两部分，其上部窗口左边是 WBS 的代码、名称和作业总计，右边是 WBS 的横道图。图 1-27 显示的是国家体育场项目基础工程的 WBS 工作分解结构，分为修坡护坡与喷锚、桩基础施工、钢结构承台桩的声波检测、后压浆法施工几个大项，右边显示这些 WBS 需要的时间横道。下部窗口是 WBS 的属性，包括常用的 WBS 代码、名称、状态、责任人、预计开始时间、预期完成时间等，以及记事本、预算记事、支出计划、预算汇总、WBS 里程碑、工作产品及文档、赢得值等。

如果我们需要增加一个 WBS，只需要点击增加按钮，就可以增加一个 WBS，如图 1-28 所示。

箭头处的上下左右四个方向键，可以调节 WBS 的级别和位置。点击编辑菜单的增加按钮，与以上操作完全一致，如图 1-29 所示。

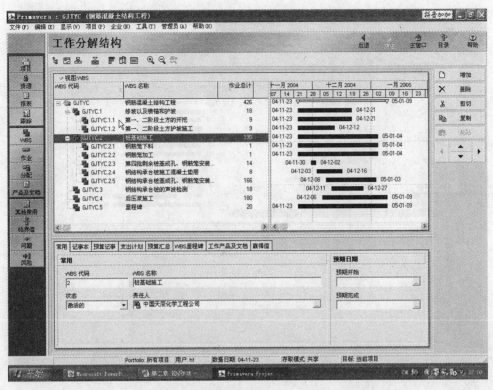

图 1-27　国家体育场项目基础工程的 WBS 工作分解结构

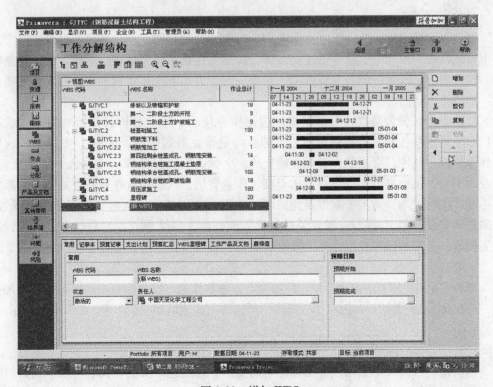

图 1-28　增加 WBS

图 1-29　通过编辑菜单增加 WBS

3. 作业页面

作业页面是 P3e/c 的一个基本的页面，所有编制计划的工作，基本上都要在这个页面上完成。在 P3e/c 里，所有的工作步骤，都需要在这个页面下进行编辑，输入作业代码、作业名称、开始时间与完成时间；需要在这个页面下连接逻辑关系，形成计划横道图，如图 1-30 所示。

数据表格区分为两栏，上部窗口左边是作业代码、作业名称、开始时间与完成时间，右边是这些作业显示的横道图。下部窗口是作业的属性栏，如图 1-31 所示。这里有作业的许多属性，常用的包含作业的代码、名称、所属的 WBS，责任人，主要资源，作业的类型、工期类型、完成百分比类型、作业日历。状态包含作业所处的状态，原定的工期、实际工期、尚需工期以及完成时的工期，所用的工时数量（预算数、实际数、尚需数和完成时的工时数）。逻辑关系包含紧前作业、后续作业，汇总包含工时数、非人工数量、工期的预算数量、实际数量、尚需数量以及人工费、非人工费、材料费、其他费用等。

增加一个作业的方法也很简单，只需要点击增加按钮（也包括点击编辑菜单的增加按钮、点击鼠标右键的增加按钮），按屏幕提示输入即可完成增加一个作业，如图 1-32 所示。

1.3.4　建立一个工程设计招标计划的实例

这里我们给出一个工程设计招标计划的实例。通过这个实例，我们可以学到如何编制一个时间计划。

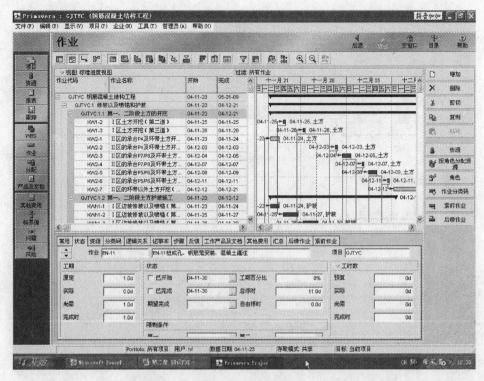

图 1-30 作业页面

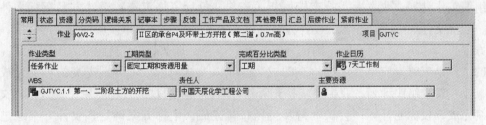

图 1-31 作业的属性视图

编制一个项目的时间计划包含以下几个步骤：

1）建立 WBS 工作分解结构；

2）列出作业名称；

3）估算作业时间，安排招标工作计划；

4）优化工作计划。

这里，我们并不一定用 P3e/c 编制工程设计招标计划。我们也可以使用 PROJECT 编制计划，或者用几种方法结合来编制计划。在编制这种小的工作计划时，PROJECT 与 P3e/c 是一样的，只是在编制几千道作业、几万道作业的大型计划时，P3e/c 才能发挥它的优势。

1. 建立 WBS 工作分解结构

我们首先要对需要编制计划的项目进行分析，把它分解成为便于编制计划的 WBS。经过分析，我们首先把这一大型工程方案的设计招标分解成 8 个 WBS，分别是业主确

图 1-32　增加一个作业的方法

定组织工作计划、业主尚需补充提供相关资料、投标资格审查、设计方案招标文件准备、投标文件的编制及开标、设计方案评审会务安排、专家评审及中标方案的确定、设计方案报审和签订设计合同。确定分解的一个很重要的原则是可交付成果，即在每一阶段的工作结束时，应提交可供检查的成果。如以上八个阶段，分别提交的可交付成果是：业主批准组织计划；业主提交补充资料；取得预审通过的投标名单；设计招标文件编制完成；投标与开标；会议资料及会场布置完成；中标方案确定；设计方案通过审查，设计合同签订。

WBS工作分解结构是一个十分重要的概念，所有从事项目管理的同志都应该掌握 WBS 划分的原则、方法，能够把自己当前的项目划分为切实可行的 WBS，这样，就可以避免工作的盲目性，可以避免和减少工作的失误。再三强调 WBS 编写的重要性，是因为人没有意识到 WBS 的极端重要性，在搞项目管理的时候，在编制计划的时候，不从工作分解出发，而是想到哪里、做到哪里，这是一种十分有害的工作作风。

2. 列出作业名称

为了方便分析，我们采用 CRITICAL TOOLS 公司开发的 WBS CHART PRO 软件绘制成图。WBS CHART PRO 软件是专用于绘制 WBS 图的软件，它不仅可以绘制 WBS 图纸，由于 WBS CHART PRO 对于中文有很好的支持，我们很容易将枯燥的工程语言，转换成外行都很容易看清楚的图件。更重要的是它可以将所绘制的 WBS 自由转换成微软 PROJECT。通过 PROJECT，我们又可以将其自由转换成 P3e/c 的计划。

这一转换是十分简单的，这样，就大大提高了我们编制计划的效率。

以上清楚地表明了工程设计招标的组织工作，由以上的作业组成。这样，我们就可以对工程设计招标这一项目，进行时间估算，并编制进度计划了。

3. 估算作业时间，安排招标工作计划

在这一阶段，我们采用 PROJECT 编制计划。首先，我们估算每一作业需要的时间，在 PROJECT 里面输入，再连接逻辑关系，最后得出工作进度计划横道图，如图 1-33 所示。所有搞过进度计划的同志都很清楚，估算作业时间不是一件容易的工作，受到很多制约。首先，你必须对你所编制计划的内容要熟悉，对办理一件事情的步骤要熟悉，这样才能做到估计的时间基本准确。如果编制计划的人不熟悉要编制的计划的工作内容的话，则必须向专家请教，向做过这项工作的同志请教。这里，给大家介绍《全国统一建筑安装工程工期定额》。对于编制工期计划，这是一本很好的参考资料。当然，编制计划估算时间还必须充分考虑本企业的实际情况及工程的实际情况，不能照搬照套定额。

连接逻辑关系是第二项重要的工作，因为我们采用软件编制计划，故把它合并为一个问题。逻辑关系是哪一项工作在前，哪项工作在后，是事物发展本身的逻辑，是不以人的意志为转移的，我们必须准确连接逻辑关系。无论用 P3e/c 编制计划还是用 PROJECT 编制计划，完成任务的时间是由计算机通过逻辑关系算出来的，不是由手工输入得到的。这点请读者注意。软件自己会求出关键线路，即平行作业的最长的工期的连线，这一点两种软件均可以做到。为什么需要用 PROJECT 编制计划，就是因为 WBS PRO 软件直接支持 PROJECT，它能把编好的经过批准的 WBS 直接转换成 PROJECT 的计划。当然，也可以直接用 P3e/c 编制计划，直接输入 WBS 就可以了。

4. 优化工作计划

优化工作计划的工作，我们把它转移到 P3e/c 里面进行。可以看出，使用 PROJECT 编制一个小型计划，与 P3e/c 是基本一致的，但对于一个大型计划的编制，使用 P3e/c 更好更方便一些。为什么这样说呢？

首先，我们看到 PROJECT 没有 WBS，作业的组织是随机性很大的，可以任意将一个作业提升成计划大纲，这与我们工程的习惯性做法差异很大，WBS 一旦建立，将不能随意修改，更加不可以提升其层次。而且每一个 WBS 都需要分配一定的投资，而这些在 PROJECT 下不能很好地完成。其次，在建立逻辑关系时，使用 PROJECT 每打开一个窗口，只能编辑一个逻辑关系，而使用 P3e/c 打开一个窗口，就可以编辑很多的逻辑关系，这样在编一个大型计划时，P3e/c 比 PROJECT 更为便捷。

图 1-34 是对上述 PROJECT 软件编制的计划，用 P3e/c 优化以后打印的结果。用 P3e/c 编辑时，可以在 WBS 层次上给它分配预算费用，这可以作为我们控制工程费用的依据。在 P3e/c 里面，可以给这个项目分配资源，即由谁负责实施，这可以有利于对计划的执行情况进行检查，如果发现某一环节进度滞后，还可以帮助我们分析原因，提出修改或补救的办法。

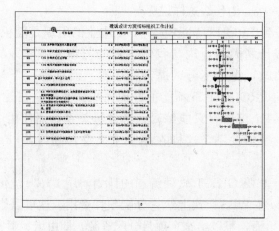

(a)

(b)

(c)

(d)

(e)

图 1-33　用 Project 软件编制的计划

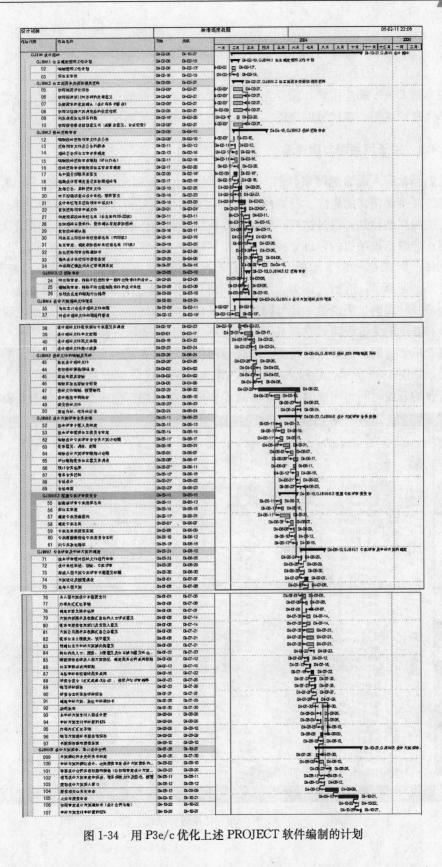

图 1-34 用 P3e/c 优化上述 PROJECT 软件编制的计划

1.4　关于网络图与横道图

在介绍 P3e/c 的应用前，需要先介绍几个十分重要的概念。那就是网络图与横道图以及单代号网络图、双代号网络图。提到计划，不能不提起这几个概念。

1.4.1　关于网络图与横道图

我们经常听人说编制网络计划，什么是网络计划？很多人对此没有一个确切的概念，有的甚至是错误的概念。所谓网络计划，其实质就是一个反映了逻辑关系的计划，是有关键线路的计划。通过这样一种计划，我们能找到作业之间的先后顺序以及相互间的影响，能求出该项目的合理完成时间。根据这样一个定义，我们用 PROJECT 编制的计划也好，用 P3e/c 或 P3 编制的计划也好，都是网络计划。至于用哪种形式表现出来，则是另外一回事了。有的人认为，所谓的网络计划，就是用双代号网络图编制的计划，这完全是一种误解。无论是双代号网络图还是单代号网络图，只要它清楚地表明了逻辑关系，有准确的关键线路，它都是一样的，不同的只是表示方法的差异罢了。

在 P3e/c 里面，通常用甘特图、单代号网络图的方式显示项目信息。甘特图又称为横道图，如图 1-35 所示，是最主要的网络计划表现形式。左边是作业的代码、作业名称、作业的开始时间与完成时间等，右边是作业的横道图。每一道作业在图上表示为一

图 1-35　甘特图

条横道，在时间坐标上，这条横道的开始时间就表示作业的开始，结束时间就表示这道作业的结束。一个作业的横道线与另一个作业的横道线之间的相对位置，则表示了这两道作业是顺序连接还是重叠。连接线表示了作业之间的逻辑关系。

在 P3e/c 里，左边显示的内容可以自己设定，移动鼠标到作业名称这一栏，点击鼠标右键，打开栏位可以看到如图 1-36 所示的页面。需要什么就可以把需要显示的内容显示到桌面上。

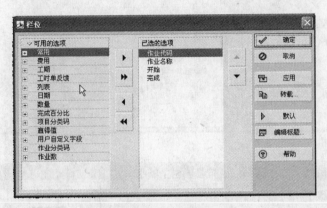

图 1-36　定制桌面显示内容

而右边显示的横道图，其时间刻度也是可以自行设置的，移动鼠标到时间栏，点击右键，打开时间标尺，根据需要选取合适的时间刻度即可。另外，点击上面的放大、缩小按钮，也可以调节时间刻度的大小，这样，就可以放大与缩小横道图，如图 1-37 所示。

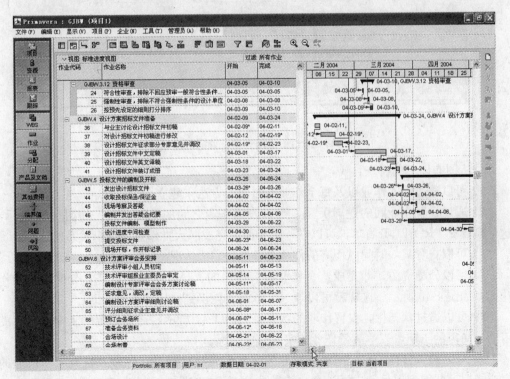

图 1-37　调节横道图时间刻度

同样，选择横道和横道图选项，就可以设置相应的横道图的参数，如图 1-38 所示。

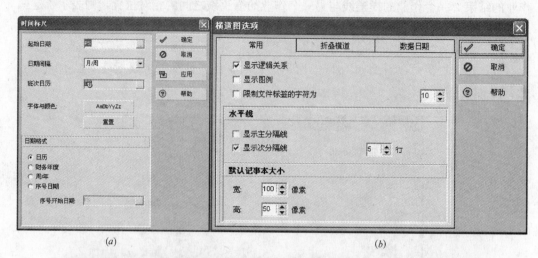

（a）　　　　　　　　　　　　　　　（b）

（c）

图 1-38　通过横道图选项设置横道图参数

甘特图有以下的特点：

1）可以通过输入作业以及每个作业的时间的方法来建立一个项目。

2）通过设置作业间的逻辑关系，可以表达作业之间的关联关系，如图 1-39 所示。这一设置比 PROJECT 简单，可以在一个界面下完成一大批作业的逻辑关系的建立。

3）可以查看某一时间内所有的作业及进度的完成情况。

4）可以分配资源，即完成这个作业所需使用的人员、材料、设备，分配到这个作业上，如图 1-40 所示。这样就可以通过资源的消耗得到费用的支出。

5）可以通过状态栏，设置作业的状态，如图 1-41 所示，得到原定的工期、实际的工期、尚需的工期，表达清楚作业的实际完成情况。

6）可以设置目标工程，把现有作业的完成情况与目标进行比较，检查每个作业的完成情况，并得到项目的进展。这一特点是 P3e/c 的实际工程进度更新的结果。

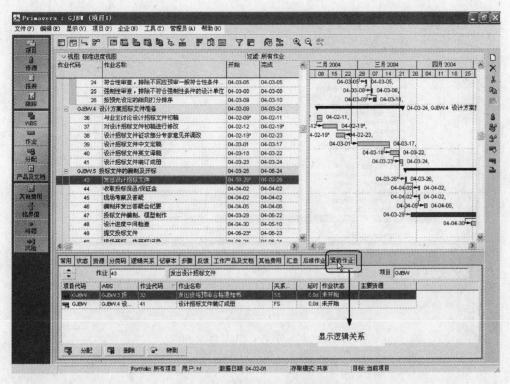

图 1-39　设置作业间的逻辑关系

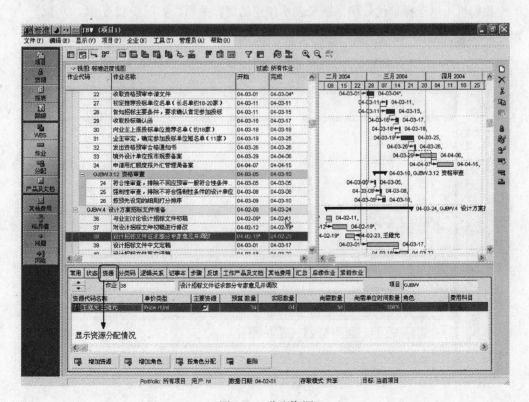

图 1-40　分配资源

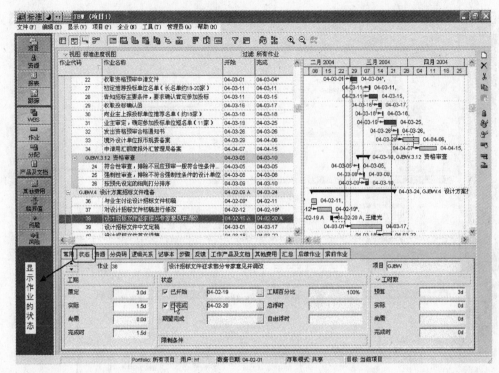

图 1-41　设置作业状态

我们也可以选择单代号网络图来表示作业的逻辑关系，如图 1-42 所示。

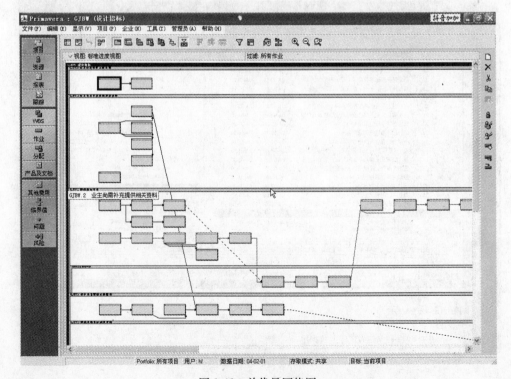

图 1-42　单代号网络图

在图 1-42 中，方框表示各个作业，两个方框中的连线表示两个作业之间的关系。
网络图视图的特点是：

1）以流程图的方式创建与调整作业的安排。

2）点击一个方框，能以与横道图一致的方式，编辑该作业的属性，见图 1-43。

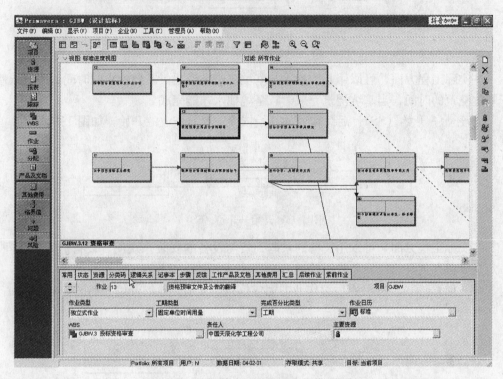

图 1-43　编辑单代号网络图中的作业属性

3）可以直接连接逻辑关系。点击方框，拉动连接线，就可以轻易地建立每个作业的紧前作业、后续作业。

4）可以与横道图一致的方式，分配资源及费用，可以设置该项作业的完成情况。

1.4.2　单代号网络图与双代号网络图

1. 单代号网络图

所谓单代号网络图，指的是构成单代号网络图的基本符号节点，以节点代表作业，以箭线代表作业之间的逻辑关系。单代号网络图包含四种先后顺序的关系。

1）完成—开始（FS）：后续作业的开始依赖于紧前作业的完成，如图 1-44 所示。
在实际工程方面，这种逻辑关系可以用支模板与浇筑混凝土来说明，一定是模板支

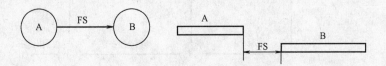

图 1-44　完成—开始（FS）

完以后才能浇筑混凝土的，即浇筑混凝土的时间依赖于支模板的时间。

2）完成—完成（FF）：后续作业的完成依赖于紧前作业的完成，如图 1-45 所示。

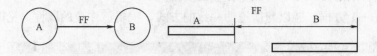

图 1-45　完成—完成（FF）

在实际工程方面，可以用基坑抽水与基坑浇筑来说明。基坑抽水的时间，一定依赖于基坑浇筑的时间，当基坑浇筑完成时，基坑抽水才能完成。

3）开始—开始（SS）：后续作业的开始依赖于紧前作业的开始，如图 1-46 所示。

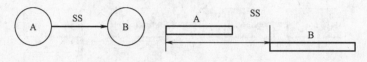

图 1-46　开始—开始（SS）

在实际工程方面，可以用设备的采购到货与设备的安装来说明。设备的安装时间，一定是设备到货开始以后才能开始。

4）开始—完成（SF）：后续作业的完成依赖于紧前作业的开始，如图 1-47 所示。

图 1-47　开始—完成（SF）

在实际工程方面，如库房作业的完成，依赖于设备安装的开始。

微软的 PROJECT 软件与 P3e/c 软件，都采用了单代号网络图的表示方法。

2. 双代号网络图

所谓双代号网络图，是指用箭线表示作业，节点表示前一项工作的结束，同时表示后一项工作的开始，如图 1-48 所示。

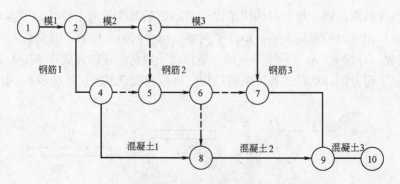

图 1-48　双代号网络图

在双代号网络图中，只使用完成—开始的逻辑关系，为了正确表达逻辑关系，有时需要使用虚箭线。这种虚箭线在双代号网络图中，是有很重要的作用的。它与单代号网络图比较，最大的弱点在于它不便于表示完成—完成、开始—开始、开始—完成等多种逻辑关系。

双代号网络图的一种特殊形式是时标网络图，如图 1-49 所示，它不仅有一般双代号网络图的特点，同时还标明了工程的时间坐标，它的前锋线图在工程中得到广泛的应用。它的最大优点就是简单明确，一目了然。在工程比较简单时，一张时标网络图可以很明白地反映出工程的实际施工状况。但它的缺点也很明显，就是当工程较大、逻辑关系复杂时，一张时标网络图无法表示清楚工程的逻辑关系。所以，在进行简单的工程管理时，可以运用双代号网络图（图 1-50 即为该工程的双代号网络图），而在极为复杂的工程条件下，作业的条数需要达到数百条甚至数千条时，双代号网络图就变得无所适从了。

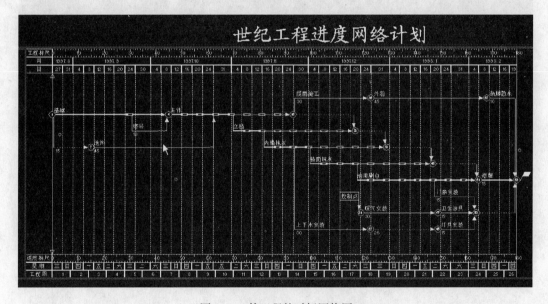

图 1-49　某工程的时标网络图

单代号网络图以其简洁的形式、清晰的表达，可以更好地表示项目的逻辑关系，比双代号网络图更加受到国际软件开发商的青睐。在 P3e/c 及 P3 软件里以及 PROJECT 软件里，都只有单代号网络图。

但由于双代号网络图先进入中国，一些人更习惯它，国内的一些建设单位也采用得更多一些。在软件方面，国内的梦龙软件、清华斯威尔软件都是采用了双代号网络图。中国项目管理研究所开发的 AonAPlot 双代号网络图自动生成系统，是专为 PROJECT 开发的配套系统，可以直接把 PROJECT 的单代号网络图转成双代号网络图。

从实质上说，无论是单代号网络图还是双代号网络图，反映的都是同样的问题。采用单代号网络，其最大的优点在于无论工程的大小，它都能很好地表现其逻辑关系，便于工程管理的应用。

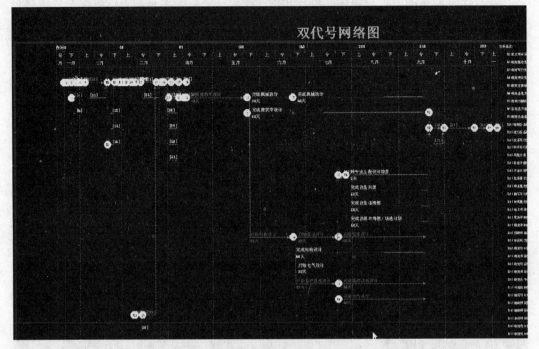

图 1-50　该工程的双代号网络图

第2章　P3e/c 项目管理操作实务

2.1　项目管理的范围定义

对于进行项目管理的同志，在项目开始的时候，一定要记住的是必须做好范围的定义工作。我们到底是在做一个怎样的项目，它在企业里有怎样的定位，有多大的重要性；做这一项目，要牵涉哪些人，派谁去管理这一项目，采用一个怎样的组织机构；这一项目包含哪些方面的内容，它的工作分解结构是怎样的。在 P3e/c 里，对于如何做好范围定义工作有明确的目标，那就是设计企业的 EPS、OBS，建立项目。在这一节里，我们将讨论企业与项目的分类、各种不同的企业如何开展管理以及采用的管理方式，以及我们如何用 P3e/c 去实现上述工作的方法。

2.1.1　P3e/c 对于什么样的企业是适用的？

我们知道 P3e/c 是一个企业版的软件，它是专为工程建设行业量身定做的项目管理软件，当然，只要是工程建设领域的企业，它都是适合的。对于一些非工程建设领域的企业，PRIMAVERA 公司也开发了别的软件，如 P3E 可以满足它们的项目管理的要求。

我们现在对适合 P3e/c 管理的工程建设企业作一个分析。从事工程建设行业，按从事的行业的划分，可以分为：建筑工程、土木工程、线路管道安装工程、装修工程。建筑工程即房屋建筑工程，是修建各种各类房屋的工程项目；土木工程是以修建公路、铁路、桥梁、隧洞、水工、矿山、高耸建筑物的工程项目；线路管道安装工程是修建送变电、通信等线路，给水排水、化工等管道，机械、电气、交通等设备的工程项目；装修工程是指给以上工程项目做装修，抹灰、油漆、木作等的工程项目。上述的每一类工程，几乎都有使用 P3 管理取得成绩的例子。如中信国华国际工程承包公司在奥运会场馆鸟巢项目、西门子总部大楼项目、缅甸多功能柴油机厂建设项目运用了 P3e/c，在天津轻轨项目运用了 P3。

按照工程项目的管理者分类，可以把工程项目分为建设项目、工程咨询项目、工程设计项目、工程监理项目、工程施工项目、开发项目。这里工程的管理者分别是建设单位、咨询单位、设计单位、监理单位、施工单位、开发单位。在二十几年里，笔者先后参加了几乎所有的上述单位的工作，对如何应用好项目管理的软件有了亲身的体会。在以后的章节里，笔者将结合实践经验，讨论在上述各种不同的企业如何运用 P3e/c 解决项目管理的问题。

2.1.2　企业项目结构 EPS

1. 企业项目结构 EPS（Enterprise Project Structure）的定义

什么是 EPS 呢？EPS 反映的是企业内所有项目的结构分解层次，应用 EPS 可让企业或公司的计划管理人员查询与分析公司所有项目的进度、资源与费用等情况，同时可以汇报个别或所有项目的汇总或详细数据。EPS 可以使组织能够评价资源在所有子项目上的使用情况，能够编制单个项目或所有项目的详细或汇总数据报表。

EPS 是一种树状结构，该结构可以分为不同的层次，低级别、详细的项目数据往高级别汇总可为企业高层管理者和项目经理在 EPS 所关注层次与范围分析项目情况提供方便。针对独立项目的企业而言，EPS 则应反映项目各阶段的范围。

企业内的不同人员就可以根据自己在企业中的位置，查看不同的项目及项目组合。项目数据的安全性也是由 EPS 的设置实现的，即使用者对某一 EPS 的节点有使用权，通过 EPS 节点的责任人（OBS）与使用者进行关联实现存取权限的设置。

2. 建立 EPS

打开 PM，进入主界面，点击菜单"企业"，打开 EPS 项目，就进入了 EPS 界面了，如图 2-1 所示。

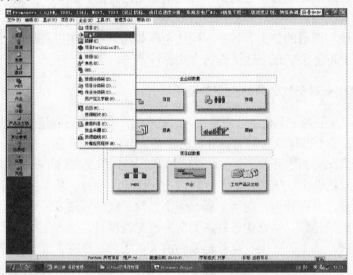

图 2-1　建立 EPS

进入 EPS 以后，可以创建、修改、复制与删除 EPS。

如图 2-2 所示，要增加一个 EPS 节点，点击增加按钮，输入新的 EPS 代码、EPS 名称，选择责任人（OBS）。就完成了新建一个 EPS 的任务了。

需要修改 EPS，只要在 EPS 的窗口，点击需要修改的内容，把它修改成所需要的内容就可以了。

需要复制一个 EPS，只要点击需要复制的 EPS 项，点击复制按钮，就完成复制 EPS 节点及其包含的项目。

需要删除一个 EPS，只要点击需要删除的 EPS 项，点击删除按钮，就可以删除该 EPS 节点连同它所包含的所有的项目了。注意，这一删除是不可逆转的，在做这一删除前，应该考虑好删除的后果，不能随意删除。

3. 不同类型的企业建立 EPS 的方法

几种不同类型的企业里，对工程进行分类管理并在 P3e/c 里建立 EPS。

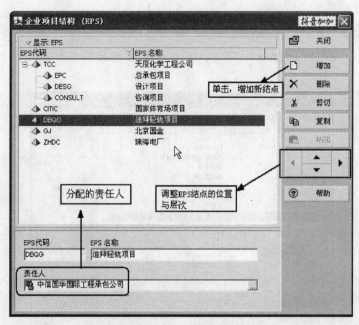

图 2-2　新建 EPS 任务

1）总承包企业

对于一个总承包公司，如中信国华国际工程承包公司这样的公司，建立 EPS 时，应该按照工程的所在位置分类。图 2-3 是国华公司的 EPS。

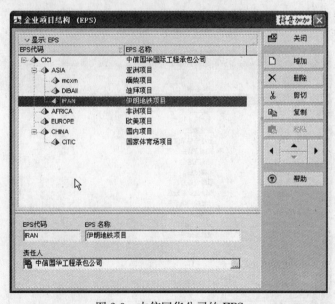

图 2-3　中信国华公司的 EPS

这样做有利于公司对不同区域的工程项目的管理。也可以按照公司项目的行业分布来划分 EPS，如房屋建筑工程、交通工程、电站工程、装饰装修工程为一级 EPS，而把房屋建筑工程再按不同的类型划分二级 EPS，如办公楼项目、医院项目、学校项目、商场项目、体育场项目、工厂项目等，再把体育场项目继续分为三级 EPS，如国家体育场项目。

2）咨询与监理企业

对于一个咨询与监理企业，如北京国金管理咨询公司，可以按照如图 2-4 所示分类。

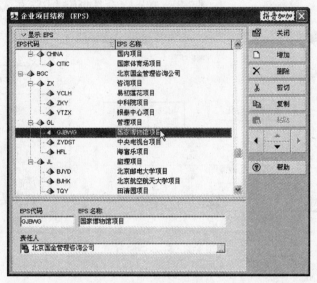

图 2-4　北京国金管理咨询公司 EPS

3）建设单位

对于一个建设单位，建立 EPS 时，通常是将参与工程建设的有关单位统一建立 EPS，如图 2-5 所示。

图 2-5　参与工程建设的各单位建立统一的 EPS

应该指出，建立 EPS 的方法并不是固定不变的，能满足管理要求即可。对于一个企业来说，随着业务的发展，EPS 要随之进行调整。

2.1.3　企业组织分解结构 OBS

1. 企业组织分解结构 OBS（Organizational Breakdown Structure）的定义

什么是 OBS？OBS 反映的是企业管理的结构的层次化排列。一个企业，它的管理是什么样的结构，就存在什么样的 OBS。在 P3e/c 里，OBS 用于企业中对 EPS、项目或 WBS 的责任人的分组与责任人数据访问范围的确定。一个 OBS 的节点可以对应一组责任人或一个具体的责任人。

OBS 也是一种树形结构。该树形结构反映的是一种自上而下的管理，下级对上级负责，下级向上级汇报工作。建立企业的 OBS 应该做到责任清晰、分工明确。OBS 与实际的管理并不是完全一致的，主要是看我们怎样便于使用 P3e/c。OBS 的节点一旦分配给 EPS 或 WBS 的任何一个层次，那么这一 OBS 就成为了该 EPS、WBS 节点及其分支节点的责任人。

项目及数据的安全性与存取范围的确定也是通过 OBS 来实现的，通过给使用者绑定 OBS，来控制用户对 EPS、WBS 数据的存取范围。

2. 建立 OBS

我们打开主界面后，只要点击企业，选择 OBS，就可以进入 OBS 的界面，如图 2-6 所示。

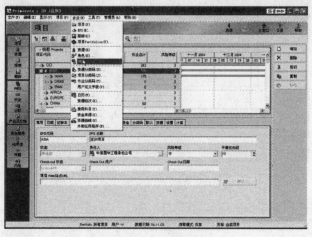

图 2-6　OBS 界面

进入以后，可以进行创建、修改、拷贝与删除 OBS。

如图 2-7 所示，打开 OBS 窗口，点击增加按钮，输入 OBS 的名称，调整到合适的级别，就创建了一个 OBS。点击用户，可以绑定 OBS 的用户，可以把该用户设为三种权限之一，即超级用户（PROJECT SUPERUSER）、项目经理权限（PROJECT MANAGER）和查看项目数据权限（VIEW PROJECT DATE）。点击责任范围，可以知道该用户的责任范围。

需要修改 OBS，只需点击该 OBS，直接修改其名称为你所需要的名称即可。

需要复制 OBS，只需点击该 OBS，按复制命令，就可以拷贝了。

需要删除 OBS，只需点击该 OBS，按删除命令，就可以删除该 OBS。

OBS 除了以树形结构表示以外，还可以图表的形式来显示。其操作为：在 OBS 窗口，点击右键，选择图表视图。如图 2-8 所示。

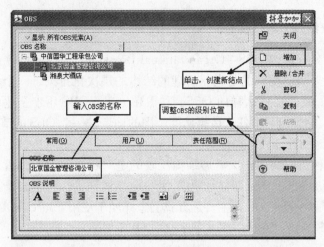

图 2-7　创建 OBS

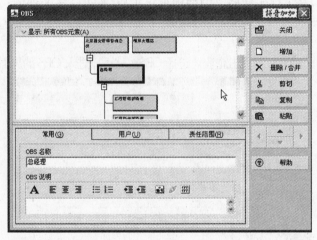

图 2-8　以图表形式显示 OBS

3. EPS 和 OBS 的联系

P3e/c 中用户的存取范围（对哪些工程有权限？）是通过 OBS 与项目之间的关系实现的。在 EPS 中给每一用户绑定一个或多个 OBS，然后再给每一 EPS 分配相应的 OBS（责任人或责任部门），那么该用户就对 OBS 所对应的 EPS 节点有权限，同时也就可以对该 EPS 节点下的子节点、项目及 WBS 具有权限。

图 2-9 所示意的是 EPS 和 OBS 的关系以及相应用户 3 的项目权限。

4. 几种主要的企业组织模式的讨论

1）国际工程承包公司的管理模式　中信国华国际工程承包公司，是一个典型的管理型的工程总承包企业。国华公司在对鸟巢项目的管理中，采用了如图 2-10 所示的管理模式。

它的管理特点是：项目总经理负责，下设五个经理，分别是总工程师负责技术、质量部；合同采购经理负责商务部、物质部；现场经理负责工程部、安保部和对分包商的管理；项目控制经理负责计划、统计；行政经理负责办公室、财务部。

这样一种管理的模式完全符合 P3e/c 的思想，在建立 OBS 时，可以直接搬到 OBS 里去。

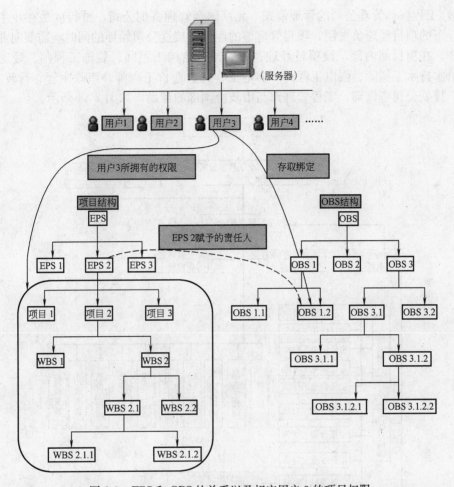

图 2-9 EPS 和 OBS 的关系以及相应用户 3 的项目权限

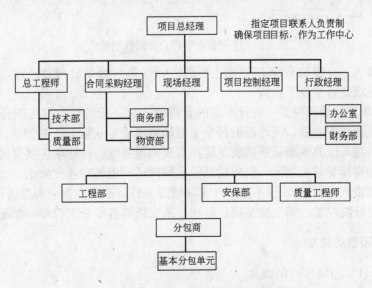

图 2-10 国际工程承包公司的管理模式

2）工程咨询管理公司的管理模式 北京国金管理咨询公司，推行的是在业主与公司领导下的项目经理负责制，项目管理部的经理在接受公司领导的同时，需要向业主汇报工作。在项目部内部，设项目经理、建筑师、结构工程师、装饰工程师、暖通工程师、给水排水工程师、强电工程师、弱电工程师、造价工程师、市政主管、行政文秘。同时，接受公司咨询部、工程管理部与市政协调部的帮助，如图 2-11 所示。

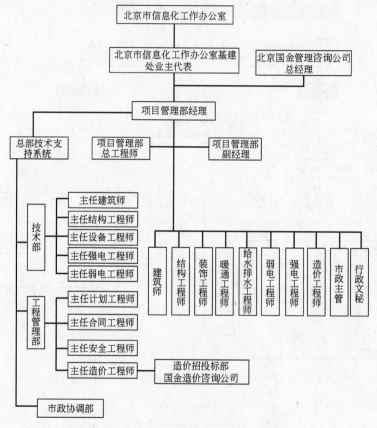

图 2-11 工程咨询管理公司的管理模式

在这种模式下，编制 OBS 应该抓主要的，OBS 第一级是公司总经理，第二级是项目经理，第三级是各专业工程师。

3）设计单位的管理模式 设计单位的管理模式，一般是专业室与项目部的矩阵管理。以前一般设立专业室，设计院的每个工程师均接受专业室主任的领导。后来，随着项目管理的兴起，以及逐渐认识到满足客户需要的重要性，设计院各项目均设立了项目部，项目经理直接受院长领导，但项目部的工程师还是由各专业室派出。

这种管理模式下的 OBS 就不应该与实际情况一致，而是应该采用按项目设置 OBS。即第一级是设计院院长，第二级是项目经理，第三级是各专业工程师，如图 2-12 所示。

2.1.4 项目的建立

1. 项目（PROJECT）的定义

在 P3e/c 中，每一个工作计划都必须建立在一个项目之下，也就是说，每一个计划就是一个项目；而这种计划是组织在 EPS 下的。这是 P3e/c 的项目与我们通常所说的

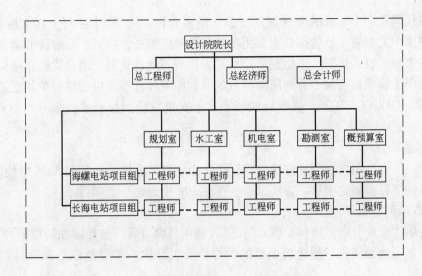

图 2-12　水电设计院管理模式

项目的明显区别。我们平时所说的项目，是指一个工程，有确定用途、有各类建设参与人的项目，而在 P3e/c 看来，项目指的是不同的参与者，编制不同计划时所取的名称。因此，在讨论一个工程时，如果有各个不同的参与者各自编写自己的工作计划时，就应该把该工程作为一级 EPS，在该 EPS 下挂接各个工作计划，如图 2-13 所示。这是一个容易混淆的概念。如果我们编制的是一个多层次的计划，即所有的参与人共同编写一个计划，按照统一的 WBS 分类码，各自编写自己的计划，则这样的计划也是一个项目，而按照习惯上的工作计划编写方法，分别编写一级里程碑计划、二级总控计划、三级分包计划、四级执行计划的方法，则必须建立一个 EPS，在该 EPS 下，分别建立各级计划。

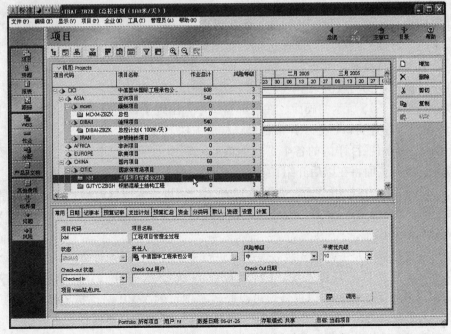

图 2-13　项目的定义

项目代码是一个项目的身份识别标志，最多允许建立 20 个字符。在实际应用中，最好不使用中文来做项目代码，而采用项目名称来区别一个项目。一般我们常用项目的拼音字母来做项目的代码，以做到简洁易记。代码不允许重复，因此我们在编写项目代码时，常用工程项目简称—计划简称的方式。如国家体育场项目的总包单位之总控计划可以命名为 GJTYC-ZBZK。修改后的版本，常直接在后面加上系列编号，如 GJTYC-ZBZK02。

2. 创建项目

在 P3e/c 中，用户有两种方法可以创建一个项目，方法一是利用 MM 中的经验库，参照已有的项目来创建项目，方法二是直接在 PM 中创建一个项目。

1）直接创建项目。

在菜单"企业"中，选择"项目"，进入到项目窗口后，选择增加新项目的 EPS 节点，然后点击增加按钮，创建新项目的向导将会引导你一步步地建立新项目，如图 2-14 所示。

在创建项目时，首先要选择将项目放在哪个 EPS 之下，然后，需要输入项目代码和项目名称，输入计划的开始时间和必须完成的时间，选择 OBS 责任人，选择项目资源默认的单价类型，最后选择不运行项目构造，点击完成，就已经创立了一个项目了。当然，这里还是一个空的项目，需要继续在 WBS 页面和作业页面添加内容，它才能是一个完整的计划。

2）运行项目构造，创建新项目。与上述创建项目一样，只是在第六步选择运行项目构造，这时要选择参照项目的类型，选择具体参照类型，确定规模与复杂程度，定制WBS 元素，定制工作产品与文档，确定参照项目的 WBS 节点，这样，一个项目就创建完成了。

3. 项目详情的定义

在完成项目的创建以后，我们进入到项目窗口，定义与修改有关信息。项目的详情包括：常用、日期、记事本、预算记事、支出计划、预算汇总、资金、分类码、默认、资源、设置及计算页面。

在项目窗口，我们点击菜单"显示"，选择显示于底部，然后选择项目详情，我们就可以看见如图 2-15 所示的画面。在下部窗口中，出现了该项目的项目详情表。同样，在 WBS 窗口、作业窗口，显示详情都是这样的方法。

下面分别介绍项目详情的各个页面的内容，其中的预算记事、支出计划、预算汇总、资金、资源页面将在以后介绍：

1）常用页面。在常用页面，如图 2-16 所示，可以输入或修改项目的常用信息，包括项目代码、项目名称、状态、责任人、风险等级、平衡优先级、CHECK-OUT 状态、项目 WEB 站点 URL。

这里需要解释的是平衡优先级，是指在进行多项目资源平衡计算时，根据平衡优先级来判断哪些项目优先获得资源。CHECK-OUT 状态指项目以只读的方式共享，而CHECK-IN 状态下，项目可以更新，可以修改。项目的 WEB 站点指项目发布的站点。这里责任人是只有取得该责任人权限的，才可以存取该项目。项目状态指的是 PR 用户能对该项目做什么样的操作："计划中的"表示用于计划编制阶段，PR 用户不能读取

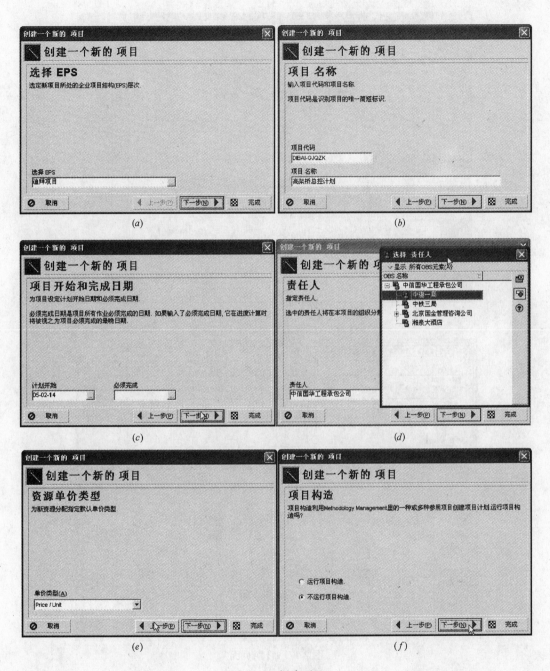

图 2-14　创建项目

作业数据；"激活的"表示所有的组件均可以存取作业数据；"未激活的"表示 PR 用户不能读取项目中的作业数据；"WHAT-IF"表示进行模拟分析，PR 用户不能读取作业数据。

2）日期页面。在日期页面下，如图 2-17 所示，可以进行项目日期信息的输入与修改工作。需要在此界面输入的是计划开始的时间和数据日期，而完成时间、实际开始与完成日期均由软件计算得出。

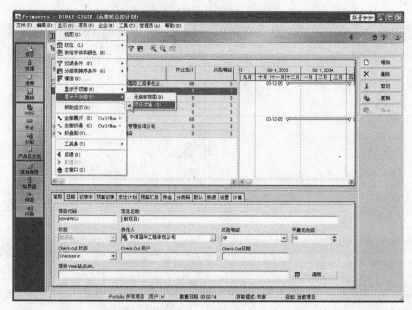

图 2-15　项目详情

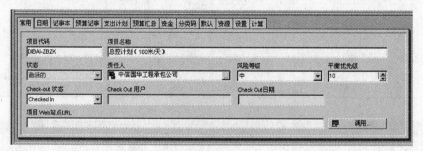

图 2-16　常用页面

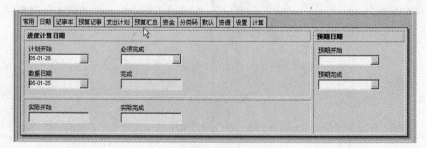

图 2-17　日期页面

预期日期是编制计划时我们输入的时间，反映我们期望的目标。

3）记事本页面。在记事本页面，如图 2-18 所示，可以输入与该项目有关的资料信息，如该项目的简介等。

4）默认页面。在默认页面，如图 2-19 所示，可以进行项目默认设置的设定与修改，其设置是针对新作业的默认设置，包括：工期类型、完成百分比类型、作业类型、费用科目、日历及作业自动编码值。

5）设置页面。在设置页面，如图 2-20 所示，进行项目汇总数据与关键作业定义方

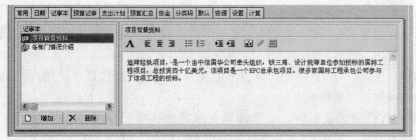

图 2-18　记事本页面

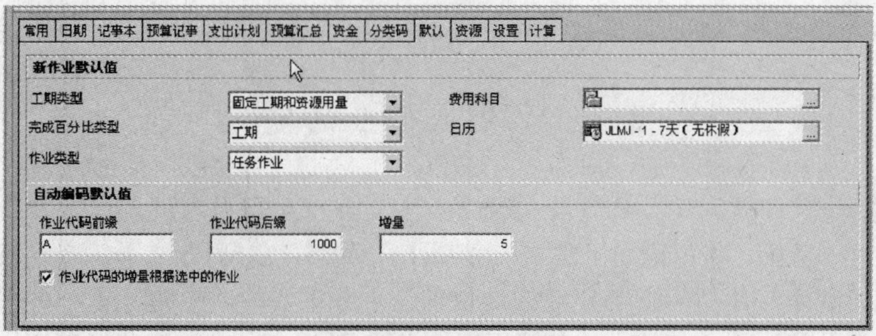

图 2-19　默认页面

面的设定与修改。包括：项目汇总数据，项目中 WBS 分隔符、财务年度设置与关键作业的定义。

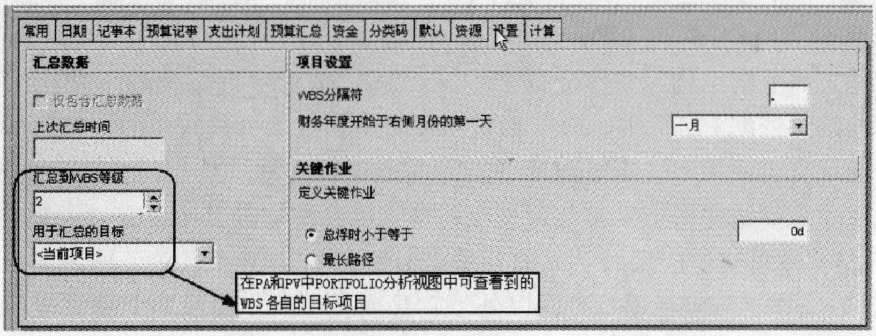

图 2-20　设置页面

6）计算页面。在计算页面，如图 2-21 所示，进行作业与资源分配的计算规则的设定与修改。包括：对没有资源作业的单价、作业完成百分比是否基于作业的步骤的计算、资源分配在数据更新时的计算规则。

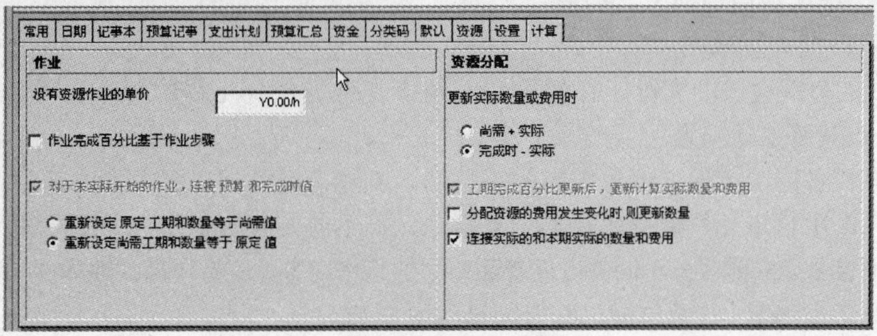

图 2-21　计算页面

资源分配的计算规则是：

更新实际数量或费用时，"尚需＋实际"用于计算总费用不固定的项目，表示完成时的数量（费用）＝尚需数量（费用）＋实际数量（费用）。

"完成时－实际"用于计算总价包干的项目，表示尚需数量（费用）＝完成时数量（费用）－实际数量（费用）。

"工期完成百分比更新时，重新计算实际数量和费用"表示选中此项时，实际数（费用）＝预算数量（费用）×工期完成的百分数。

"分配资源的费用发生变化时，则更新数量"表示选中此项时，数量＝费用/单价。

"连接实际的和本期实际的数量和费用"表示选中此项时，两者会同时更新。

2.2 WBS 与作业的定义

在 P3e/c 软件里，有了 EPS 与 OBS 及项目的定义，就可以进入具体项目的计划编制了。在这一节里，将讨论如何建立一个项目的 WBS，在 WBS 之下，应该怎样去建立作业。在编制计划时，WBS 与作业的地位都是十分重要的，要编制好计划，就一定要明确什么是 WBS、什么是作业，如何正确地设置 WBS 与作业。本节将讨论几个工程计划的例子，具体看看应该怎样编写 WBS。

2.2.1 工作分解结构

1. 工作分解结构 WBS（Work Breakdown Structure）的定义

什么是工作分解结构？工作分解结构（WBS）是对项目范围的一种逐级分解的层次化结构编码。依据 PMBOK，分解指把主要可交付成果分成较小的、便于管理的组成部分，直到可交付成果定义明晰到足以支持各项项目活动（规划、实施、控制和收尾）的制定。工作分解结构指把安排与定义项目范围的各组成部分按可交付成果进行组合。

WBS 是面向可交付成果的对象的元素的分组，它组织并定义了整个项目范围，未列入 WBS 的工作将排除在项目范围以外。它是项目团队在项目期间要完成的最终细目的等级树，所有这些细目的完成构成了整个项目的工作范围。WBS 体现了工程项目的管理层次与工作内容的划分，对于同一项目的不同的管理班子、不同的实施方式，其 WBS 编码方式也不完全相同。WBS 体现了项目经理如何从工程的角度管理工程。如果项目工作分解做得不好，在实施中必然要进行修改，就会打乱项目的进程，造成返工、延误进度、增加费用等损失。

2. WBS 的设置原则

WBS 的分解应按照实际工作经验和系统工作的方法、工程的特点、项目管理者的要求进行，其基本原则是：

1）应在各层次上保证项目内容的完整性，不能遗漏任何必要的组成部分。

2）一个项目单元只能从属于某一上层单元，不能同时属于两个上层单元。

3）项目单元应能区分不同的责任者和不同的工作内容，应有较高的整体性和独立性。

4）应考虑 WBS 与承包方式、合同结构的影响。

5）能够符合项目目标管理的要求，能方便地应用工期、质量、成本、合同、信息等手段。

6）WBS 不要太多层次，以四至六层为宜。最低层次的工作包的单元成本不宜过大、工期不要太长。

可以看出，无论用什么样的软件编写计划，WBS 都是我们首先要考虑的问题。在 P3e/c 软件里，专门设置了 WBS 的窗口，用于编制项目的 WBS。微软公司的 PROJECT 软件没有设计这样的窗口，而是在编辑任务（作业）的过程中，考虑设置任务（作业）的大纲。应该说，大纲比起 WBS 的功能还是有所逊色的。这一问题在 PROJECT98 就已经存在，但直到 PROJECT2003 也没有得到解决；而 P3 就已经有了 WBS，在 P3e/c 里的 WBS 更是得到了很大加强，这反映了 PRIMAVERA 公司与微软公司对 WBS 作用的认识存在着差异，PRIMAVERA 公司更加重视工程的规范化管理，而微软公司更强调软件的操作的方便。

3. 创建 WBS

在 PM 中打开项目以后，点击 WBS 目录，就进入 WBS 的窗口了。创建 WBS 只需要点击增加按钮。输入 WBS 的代码及名称，就已经创建了一个 WBS 了，如图 2-22 所示。

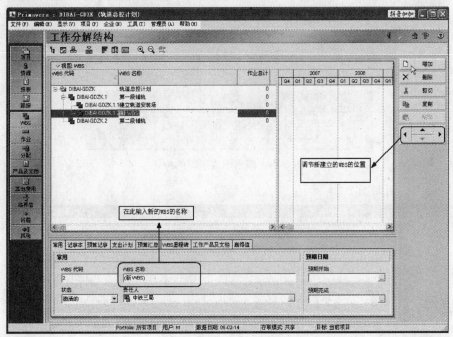

图 2-22   创建 WBS

需要调改 WBS 的层次，只需要点击右侧的方向按钮，如果需要调高一级，就点击方向为左的键，如果需要调低一级，只需要点击方向为右的键。如果需要调整 WBS 的位置，点击上下键就行了。

修改 WBS，只需要点击需要修改的项目，直接改正就可以了。

4. 查看 WBS 的视图

查看 WBS 的视图，有三种方式，分别是图表视图、表格视图和横道图方式。

1）图表视图如图 2-23 所示。

在 WBS 窗口，点击菜单"显示"-"显示于顶部"-"图表显示"，或点击如图 2-24 所示的按钮，即可调出图表视图。

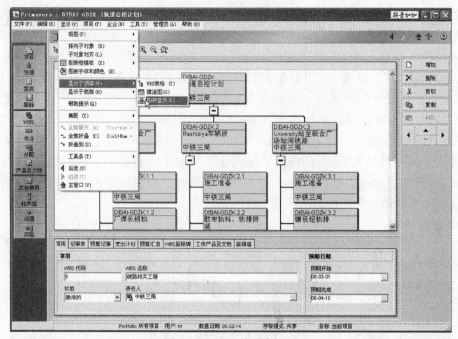

图 2-23 WBS 的图表视图

图 2-24 调出图表视图的按钮

2）表格视图如图 2-25 所示。

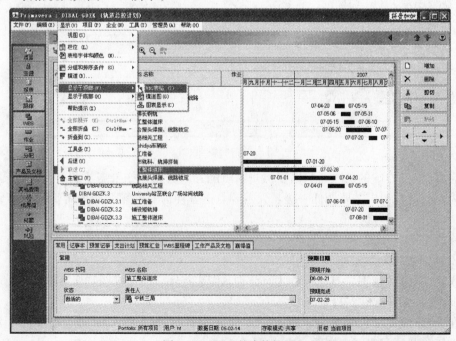

图 2-25 WBS 的表格视图

在 WBS 窗口，点击菜单"显示"-"显示于顶部"-"WBS 表格"，或点击如图2-26所示的按钮。

图 2-26　调出表格视图的按钮

3）横道图视图如图 2-27 所示。

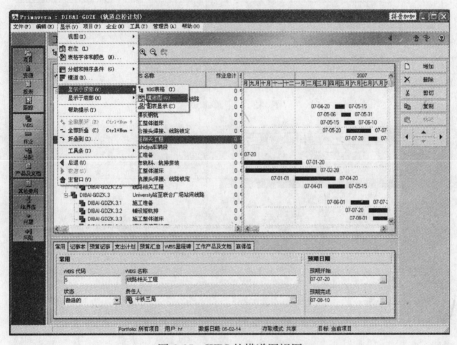

图 2-27　WBS 的横道图视图

在 WBS 窗口，点击菜单"显示"-"显示于顶部"-"横道图"，或点击如图 2-28 所示的按钮。

图 2-28　调出横道图视图的按钮

5. WBS 详情的设置

在创建完成 WBS 层次之后，需要设置每个 WBS 的详细信息。

1）常用页面（图 2-29）。

2）记事本页面（图 2-30）。

3）WBS 里程碑页面（图 2-31）。

4）工作产品及文档页面（图 2-32）。

5）赢得值页面（图 2-33）。

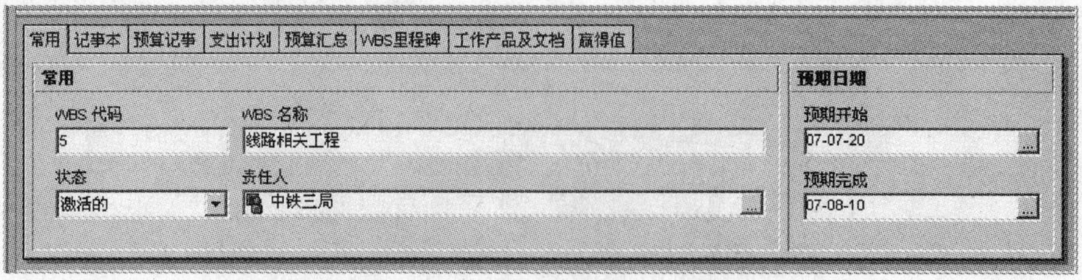

图 2-29 常用页面

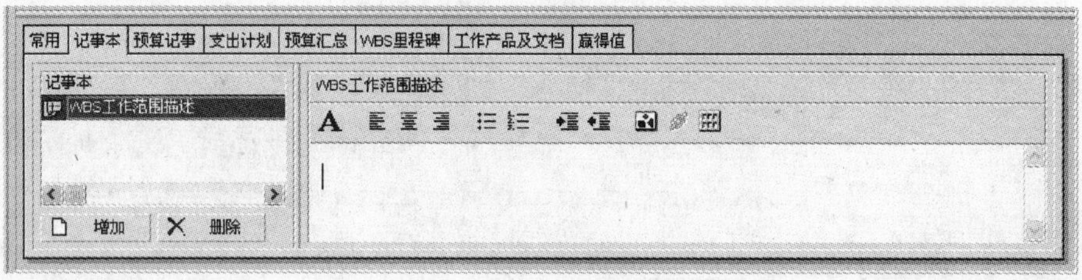

图 2-30 记事本页面

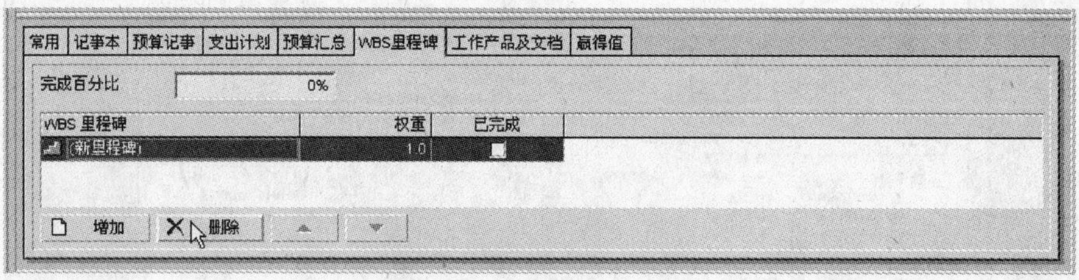

图 2-31 WBS 里程碑页面

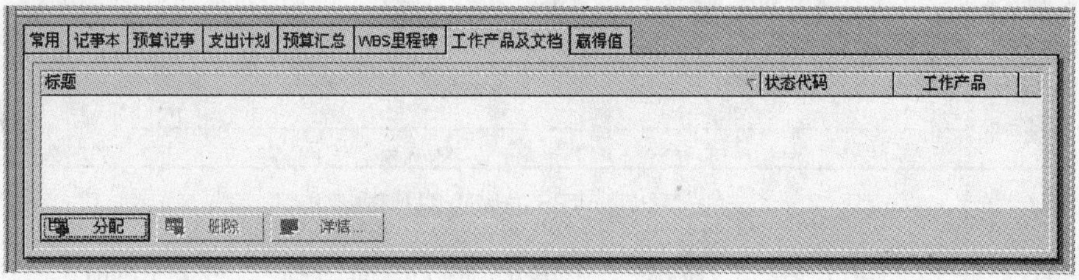

图 2-32 工作产品及文档页面

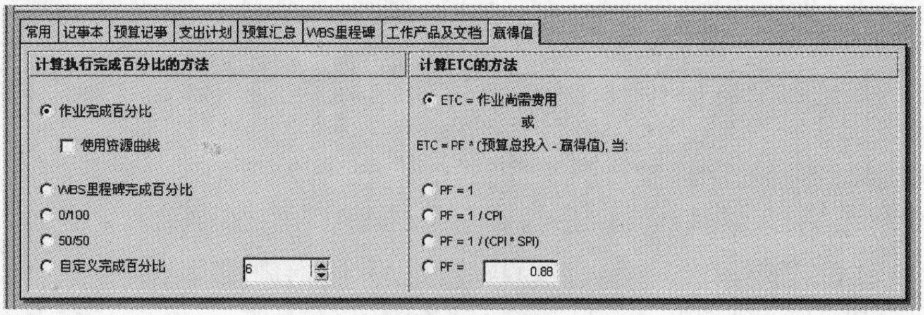

图 2-33 赢得值页面

2.2.2 各种工程 WBS 的讨论

在实际工程中，建立 WBS 体系是一个复杂的问题。因为每一个工程有不同的特点，每个工程有不同的业主的管理方式。而不同的管理方式决定了不同的 WBS 的建立。

1. 火电厂建设 WBS

对于火电厂，建立 WBS 的方法有多种，一般有按预规方法建立 WBS 的，有按照验评标准建立 WBS 的。

考虑到进度思路的严密性和工作的可持续性，电厂 WBS 编制参考《施工、验收及质量验评标准汇编》一书的思路，以便于项目的进度和费用的协调。

按照 8 层对项目工作内容进行分解。工程项目分解结构主要反映工程项目本身的层次与工作内容的划分，便于按不同的层次组织汇总工程信息，也为了便于工程量费用的汇总管理。例如华能沁北电厂一期工程的 WBS 编码结构，如图 2-34 所示（层次间以圆点作为分隔符）。

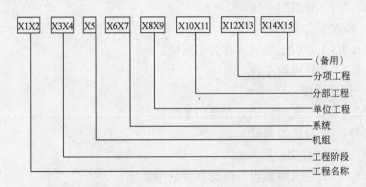

图 2-34　华能沁北电厂一期工程的 WBS 编码结构

第一层（X1X2）：工程名称。

第二层（X3X4）：基本上以工程的阶段进行划分，代码采用 2 位数字代表，其顺序及码值对应如下。

QB. 01——里程碑点

QB. 02——前期准备阶段

QB. 03——设计阶段

QB. 04——物资采购阶段

QB. 05——土建施工阶段

QB. 06——安装施工阶段

QB. 07——调试阶段

QB. 08——验收与移交阶段

第三层（X5）：以 1 位字符反映本层同一分支的区别。

QB. 01——里程碑点

　　QB. 01.1　1 号机组里程碑点

　　QB. 01.2　2 号机组里程碑点

QB. 02——前期准备阶段

　　QB. 02.1　五通一平

　　QB. 02.2　招投标

QB.02.3　施工临建

QB.03——设计阶段

QB.03.1　初步设计

QB.03.2　施工图纸

QB.03.3　竣工图纸

QB.04——物资采购阶段

QB.04.1　1号机组设备与物资（含公用系统）

QB.04.2　2号机组设备与物资

QB.05——土建施工阶段

QB.05.1　1号机组土建（含公用系统）

QB.05.2　2号机组土建

QB.06——安装施工阶段

QB.06.1　1号机组安装（含公用系统）

QB.06.2　2号机组安装

QB.07——调试阶段

QB.07.1　1号机组调试（含公用系统）

QB.07.2　2号机组调试

QB.08——验收与移交

QB.08.1　1号机组验收与移交（含公用系统）

QB.08.2　2号机组验收与移交

第四层（X6X7）：以2位字符反映本层同一分支的区别（其中，土建、安装及调试的定义对应于系统）。

第五层（X8X9）：以2位字符反映本层同一分支的区别（其中，土建、安装及调试的定义对应于单位工程）。

第六层（X10X11）：以2位字符反映本层同一分支的区别（其中，土建、安装及调试的定义对应于分部工程）。另外在该层增加代码为00作为该单位的准备工作（如：图纸需求、设备需求及作业指导书等）。

第七层（X12X13）：以2位字符反映本层同一分支的区别（其中，土建、安装及调试的定义对应于分项工程）。

第八层（X14X15）：备用。

2. 地铁建设 WBS

根据成都天府下穿隧道工程项目的管理情况，WBS的划分基本与费用编码的划分保持层次上的一致，以便于项目的进度与费用的协调控制。WBS编码的层次划分如下：

第一层：项目名称

如：CDDT（项目名称代码）——成都天府下穿隧道工程；或者按项目标段划分的情况来编制项目名称代码。

第二层：项目类别

XXXX. 土建工程

XXXX. 线路工程

······

第三层：项目阶段

XXXX.1　准备工作

　　XXXX.1.1　规划

　　XXXX.1.2　可行性研究

　　XXXX.1.3　上报可研及批复

　　XXXX.1.4　工程批复

　　XXXX.1.5　现场施工准备

XXXX.2　设计与图纸

　　XXXX.2.1　初步设计

　　XXXX.2.2　施工图纸

　　XXXX.2.3　竣工图纸

XXXX.3　招投标及工程分包

　　XXXX.3.1　施工招投标及工程分包

　　XXXX.3.2　设备招投标

　　XXXX.3.3　建筑材料招投标

　　XXXX.3.4　通信、照明、信号设备招投标

XXXX.4　物资到货

　　XXXX.4.1　电气设备及安装材料

　　XXXX.4.2　建筑设备及材料

XXXX.5　土建工程

XXXX.6　安装工程

XXXX.7　装修工程

XXXX.8　隧道安全、运营、照明设备调试

　　XXXX.8.1　分系统调试

　　XXXX.8.2　其他调试

　　XXXX.8.3　整个系统调试试运行

XXXX.9　工程验收

　　XXXX.9.1　单位工程阶段性验收

　　XXXX.9.2　竣工验收

3. 工厂建设 WBS

缅甸柴油机厂建设的 WBS 编码的层次划分如下：

第一层：项目名称，即完成项目包含的工作的总和。

第二层：项目阶段，是项目的主要可交付成果，包含里程碑。

- 1　规划
- 2　设计
- 3　采购
- 4　设备制造
- 5　建筑安装工程施工

- 6　机械设备工程施工
- 7　工艺及试生产
- 8　培训与指导
- 9　工程验收

第三层：工程专业，是可交付的子成果。

- 1　规划
  - 1.1　可行性研究
  - 1.2　设计任务书
  - 1.3　立项报批
- 2　设计
  - 2.1　方案设计
  - 2.2　初步设计
  - 2.3　施工图设计
  - 2.4　竣工图纸
- 3　采购
  - 3.1　主分包招标
  - 3.2　监理招标
  - 3.3　设备招标
- 4　设备制造
  - 4.2　设备制造
  - 4.3　设备运输
- 5　建安工程施工
  按照 GB50300 至单位工程
  - 5.0　缅方土建基础工程
  - 5.1　铸造车间
  - 5.2　锻造车间
  - 5.3　热处理车间
  - 5.4　机加工一车间
  - 5.5　机加工二车间
  - 5.6　装配试验车间
  - 5.7　理化计量办公楼
  - 5.8　辅助建筑物
  - 5.9　厂区公共工程
- 6　机械设备工程施工
- 7　培训与指导
- 8　工艺及试生产
- 9　工程验收

第四层：对于建安工程，应继续划分为分部工程。

  - 5.1.1　钢结构

- 5.1.2　给水排水
- 5.1.3　通风空调
- 5.1.4　照明
- 5.1.5　动力
- 5.1.6　配电
- 5.1.7　设备基础

第五层：可划分至子分部工程。是工作包，是满足 WBS 结构的最低层的信息，是项目的最小的控制单元。

……

2.2.3　作业

作业（TASK）是 P3e/c 里安排计划的基本的时间单位。在 PROJECT 软件里，称为任务。它表示完成项目必须发生的任务。一般情况下，由许多作业组成一个 WBS，几个 WBS 组成更高一级的 WBS，一直到组成项目。

作业有很多属性，如图 2-35 所示。

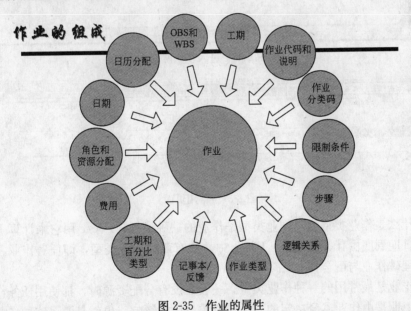

图 2-35　作业的属性

1. 进入作业窗口

创建一个作业需要在打开一个项目以后，点击作业目录，或者点击项目菜单中的作业，就可以进入作业窗口了，如图 2-36 所示。

2. 作业的属性介绍

作业有许多属性，这里暂不介绍资源、费用及其相关问题，这一问题我们将在下一节专门介绍。

1）常用页面

在常用页面，我们看见作业类型、工期类型、完成百分比类型、作业日历等，见图 2-37。

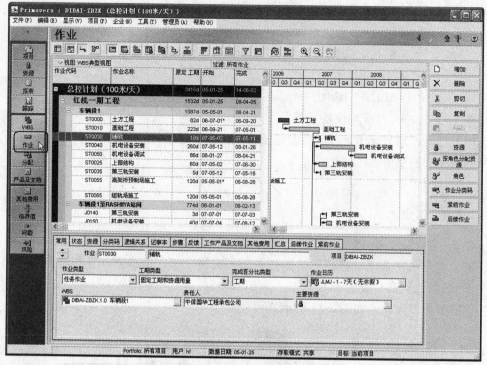

图 2-36　进入作业窗口

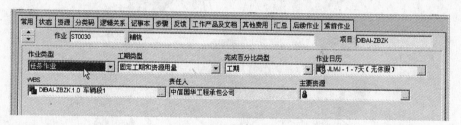

图 2-37　常用页面

（1）什么是作业类型呢？作业类型是作业的一种属性，P3e/c 用它来计算一道作业的工期与日期到底由什么决定的。P3e/c 中，共有四种作业类型，即任务作业、独立式作业、里程碑作业与配合作业。

任务作业是最常用的一种作业类型。一般在没有分配资源时，都使用任务作业。这种作业的工期是由作业本身决定的，不受资源日历的影响。也就是说，这种作业类型与加载的资源无关。如浇筑混凝土，其工期是由混凝土凝固所需时间决定的，增加浇筑设备、增加工作班组，都不会加快浇筑的速度，这样一种作业，就是任务作业。

而独立作业是完全不一样的作业。它的工期受加载的资源影响，如果增加资源，则这种作业的工期将会缩短。如开挖基坑的作业，如果是一台挖掘机，可能工期需要一个月，而如果我们增加一台挖掘机，则工期将缩短为二十天，这样我们将需要把开挖基坑的作业设为独立作业。在资源平衡计算时，主要考虑的就是独立作业的时间来满足工期的要求，而任务作业的工期是不受资源平衡的影响的。

里程碑作业是作业时间为零的作业。它代表一种标志，通常是开工里程碑或完工里程碑，它就是代表开始或者结束。里程碑作业不能加载资源。因此，开工里程碑就没有完成时间，而完工里程碑就没有开工时间。

配合作业是另外一种作业。通常是管理类型的作业，它的工期不是由该作业本身决定的，而是随紧前作业和后续作业而决定的。如我们定义工地的办公室作业，它的长短是由整个工程的时间决定的，如果总工期拖延，则该作业的时间也将延长。配合作业在计算工期时不参与计算工期。但配合作业需要资源。

图 2-38 反映的是四种作业类型的关系。

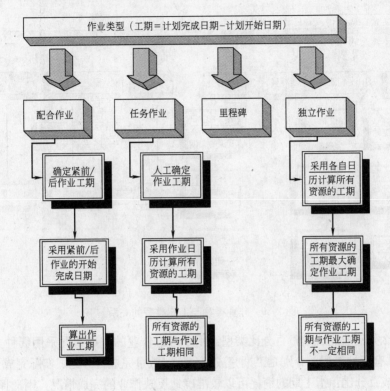

图 2-38　四种作业类型的对比

（2）什么是工期类型？工期类型是指一种工期完成的百分比类型，用于在作进度更新时，以何种方式计算工期。工期类型是决定在更新时，进度、资源或费用中，哪一项将起决定性的作用。工期类型只有在加载资源以后才能生效。P3e/c 中，共有四种工期类型，分别是固定单位时间用量、固定工期与单位时间用量、固定资源用量与固定工期和资源用量四种工期类型。

固定单位时间用量：是指资源是否可用是项目计划最关键的部分。这种情况下，即使作业工期或工作量变化，单位时间用量也将保持不变，通常独立式作业选择该类型。如一台挖掘机，它的工作效率是确定的，则需要把它设为固定单位时间用量。

固定工期与单位时间用量：是指进度工期是项目计划的决定性因素。当作业更新时，作业工期不会改变，而且不考虑分配的资源数量。当计算尚需工期时，可以选择让P3e/c 来计算尚需数量或单位时间用量。用于任务作业。如果要保持尚需数量并保持资源单位时间用量的恒定时，则 P3e/c 用以下公式计算：尚需数量＝单位时间用量×尚需工期。

固定资源用量：是指作业的预算是项目计划的限制性因素，作业的量是一个不变的值。用于独立式作业。当增加新资源时，可以缩短作业的工期。如开挖基坑，开挖的土方量是一个确定的数量，则选择固定资源用量，工期由分配的资源数量决定。

固定工期与资源用量：指进度工期是项目计划的决定性因素。当作业更新时，作业工期不会改变，而且不考虑分配的资源用量。用于任务作业。如果要保持尚需数量的恒定，而要计算单位时间用量的话，则 P3e/c 用以下公式计算：单位时间用量＝尚需数量/尚需工期。

图 2-39 反映了作业类型与工期类型的关系。

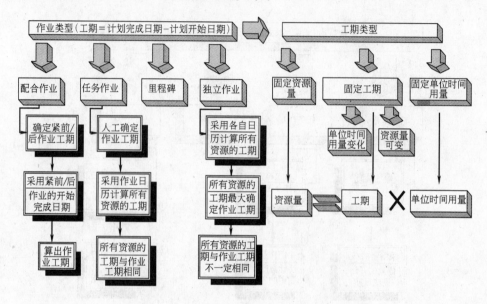

图 2-39 作业类型与工期类型的关系

（3）什么是作业完成数量百分比类型？用于考虑作业的完成情况采用哪种方式计算。P3e/c 中，共有三种类型：分别是工期完成百分比、数量完成百分比、实际完成百分比。

工期完成百分比：指工期的消耗可以较准确地反映作业的完成情况，则选择工期作为完成类型的百分比。如一道工期为十天的作业，还需要五天才能完成，则完成了 50%。

数量完成百分比：指使用已完成工作的数量占总数量的百分比来考察作业的完成情况。如铺设屋面板，总数量为 2000m²，已完成铺设 1500m²，则完成百分比为 75%。

实际完成百分比：在综合考虑工期与工作量完成基础之上，由工程技术人员的判断来决定，则选择实际完成百分比。此时，需要人工输入完成百分比或者是由作业上的步骤的完成来计算。

总之，用户根据自己项目的具体情况来确定项目中作业将要选择的作业类型、工期类型和百分比类型后，在增加新作业以前，进入到该项目的详情中的默认页面进行设置，这样新增加的作业就会自动使用默认的设置。

如果需要修改项目中某一作业的作业类型、工期类型或完成百分比类型，则打开作业窗口，在作业详情表中修改即可。

（4）什么是作业日历？日历是作业上的作息时间的安排。一个作业如果是七天工作制，表示该项作业每周工作七天。如果一个作业是五天工作制，则每周工作五天。设置作业的日历在日历窗口下进行。如图 2-40 所示，点击企业菜单中日历项即可。

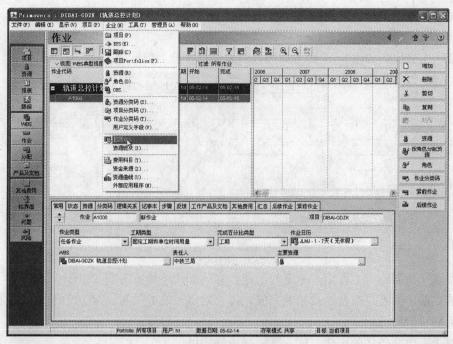

图 2-40　打开日历窗口

进入日历窗口，可以看见如图 2-41 所示的窗口。

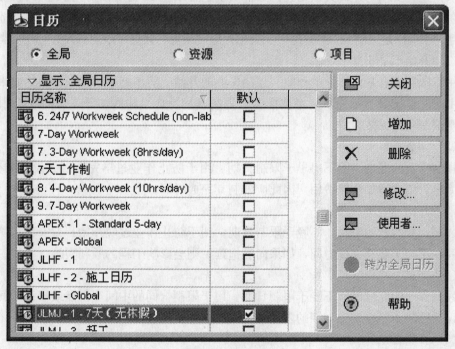

图 2-41　日历窗口

如果需要选择的日历已经建立，则只要选择它就可以了，如果还没有建立，需要点击增加按钮，自己建立一个日历。方法是选择一个已有的日历，在其上进行修改并命名该日历就行了。

在建立好的日历里，我们选择该日历即可。

2）状态页面

在状态页面，如图 2-42 所示我们可以看见该作业当前所处的状态。

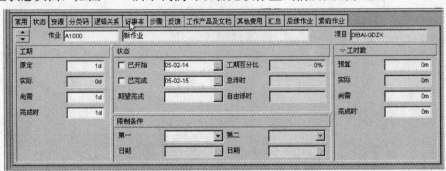

图 2-42　状态页面

在这个页面下，可以输入原定的工期，实际工期与尚需工期（当作业开始时）和完成时的工期。状态是指是否开始或完成，以及期望完成的时间。对于已开始的作业，应输入工期百分比的值。

对于有限制条件的作业，输入其限制条件即可。

什么是限制条件呢？限制条件是用户强加的一些日期上的限制，用于用户的一些特殊要求，这些要求与逻辑关系无关。如合同规定必须在 12 月底以前完工等。其他条件，如应在 5 月 1 日以前完成基坑开挖工作等，也可作为限制条件输入。当 PM 计算作业的日期或浮时不能满足限制条件要求时，则会采用限制条件的数据。限制条件共有九种类型：

（1）开始不早于

用于限制没有紧前作业的作业，强制作业的开始时间不能早于限制时间。如果输入的开工时间早于限制条件，则将被推迟至限制日期。如果输入的开工时间晚于限制条件，则限制条件无效。

（2）完成不早于

强制作业的完成时间不得早于限制日期。用于防止作业过早完成。如设备的交付，如果太早，则会增加仓储费用，因此应限制其完成时间。

（3）开始不晚于

强制作业的开始时间，不晚于限制日期。用于防止作业过晚开始。如安装消防设备的时间，不晚于装修完成时间，如果向后拖延，则会影响工程的顺利实施。

（4）完成不晚于

强制作业的完成时间不晚于限制日期。用于限制合同的中间交付点或竣工时间。如通常设置完成不晚于竣工日期的限制条件。

（5）开始日期

强调作业在限制日期开始。即延迟最早开工日期或提前最晚开始日期。

（6）完成日期

强调作业在限制日期完成。即延迟最早完成日期或提前最晚完成日期。

（7）强制开始

不考虑逻辑关系，直接强制最早和最晚开始日期与限制日期相同。这一限制条件应慎重，一般不应该采用。

（8）强制完成

不考虑逻辑关系，直接强制最早和最晚完成日期与限制日期相同。这一限制条件应慎重，一般不应该采用。

（9）尽可能晚

指在不延迟其后续作业最早开始日期的前提下，尽可能晚地开始与完成。

3）逻辑关系页面

在逻辑关系页面，（图 2-43）反映的是作业间的逻辑关系。

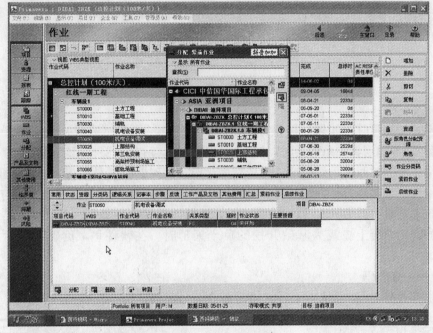

图 2-43　逻辑关系页面

什么是逻辑关系？逻辑关系就是作业之间的依赖关系，它表示了一项任务，它之前必须完成什么作业，之后必须完成什么作业。P3e/c 与 PROJECT 一样，都是采用了四种逻辑关系来表达作业的先后顺序的。当建立了逻辑关系之后，项目时间计算就是根据逻辑关系，由计算机算出作业的开始与完成时间以及项目的关键线路、完工时间。

逻辑关系的类型，如图 2-44 所示，共有以下 4 种类型。

（1）完成到开始（FS）

P3e/c 默认的逻辑关系类型，也是最常用的一种逻辑关系。它表示作业 B（后续作业）的开始时间是由作业 A（紧前作业）的完成时间决定的。如混凝土浇筑，必须是绑扎钢筋完成以后开始。则混凝土浇筑就是绑扎钢筋的后续作业，而绑扎钢筋是混凝土浇筑的紧前作业。

（2）开始到开始（SS）

表示作业 B 的开始时间由紧前作业 A 的开始时间决定。也就是说，在作业 A 开始以后，作业 B 才能开始。如装修工程必须在机电设备的安装开始以后开始，则这两道作业就是开始到开始的逻辑关系。

（3）完成到完成（FF）

表示作业 B 的完成时间由紧前作业 A 的完成时间决定。也就是说，在作业 A 完成以后，作业 B 才能完成。如基坑浇混凝土与基础排水两道作业，必须是浇混凝土完成以后，基础排水才能完成，则浇混凝土与基础排水两道作业是完成到完成的逻辑关系。

（4）开始到完成（SS）

表示作业 B 的完成时间由紧前作业 A 的开始时间决定。也就是说，在作业 A 开始以后，作业 B 才能完成。

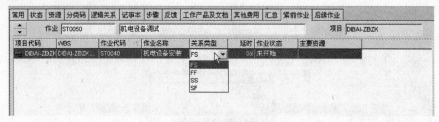

图 2-44　逻辑关系类型

逻辑关系的延时：如果后续作业不是在紧前作业的开始（完成）后立即开始（完成），则必须考虑逻辑关系的延时。如基础混凝土浇筑后立上层柱模之间应该有一段时间的混凝土凝固时间，我们把这种关系称为延时。延时共有两种情况，一种是正延时，即上述情况下延时，另一种情况为负延时，即作业间的交叉搭接。如基础开挖与基础混凝土浇筑，逻辑关系为 FS，即完成到开始，而基础混凝土浇筑是在基础开挖结束前十天开始的，则混凝土浇筑为基础开挖的负十天延时。在软件里，负延时用输入负值表示。

4）作业分类码

点击作业分类码，我们可以为作业分配作业分类码，如图 2-45 所示。

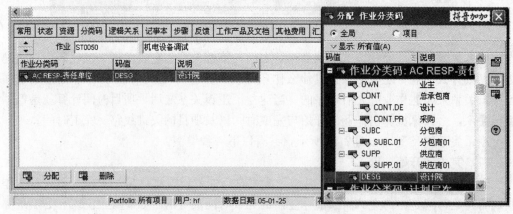

图 2-45　作业分类码

什么是作业分类码？作业分类码是作业的一个重要属性，是用于给作业进行分类的。使用作业分类码后，我们就可以方便有效地对进度计划进行各种分析。通常，我们需要在计划编制之前就定义好各种作业分类码，而在编制计划时，只需要将已经定义好的作业分类码分配给作业就可以了。

作业分类码一般反映作业的分类信息，如计划级别、责任单位、施工部位、质量控制点、安全控制点等。通过设置作业分类码，我们能够很快地通过过滤器，检索出我们需要的信息，可以生成视图。

作业分类码为树形层次结构，最多可支持 25 层，分类码最大长度为 20 个字符。

创建作业分类码是在菜单"企业"下，点击作业分类码，进入作业分类码窗口后就可以创建了。点击修改按钮，可以增加新的作业分类码，如图 2-46 所示。

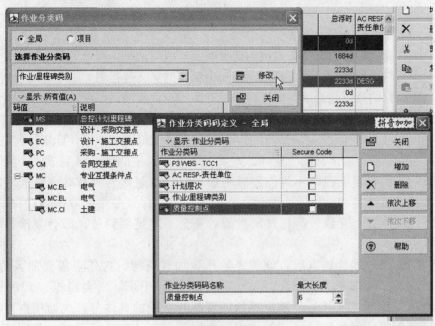

图 2-46　修改作业分类码

我们通常需要在作业分类码中设置质量控制点，便于质量工程师在计划中落实质量检查事宜。需要在作业分类码中设置安全控制点，作为安全工程师检查安全的计划。还需要在计划中编制设计—施工交接点、设计—采购交接点、采购—施工交接点、专业互提条件点等。

5) 记事本

与 WBS 类似，作业也有记事本窗口，如图 2-47 所示。可以将与该作业有关的信息储存到这里。便于将来查询。这一功能对于我们养成随时记录工程的情况，避免今后扯皮提供了一个有效的方案。

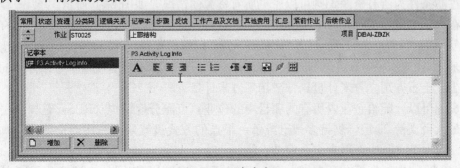

图 2-47　记事本窗口

2.3 资源和费用计划

在前面几节里，介绍了如何编制 P3e/c 进度计划。这一节将把计划编制的深度推进一步，介绍资源和费用计划。P3e/c 的特点就是有很好的资源与费用计划。通过 P3e/c 可以很好地管理人工、材料、设备，可以编制费用计划。

2.3.1 资源的管理

什么是资源？为什么项目需要使用资源呢？资源就是一个项目的建设过程中需要消耗的人力、材料、机械设备等的总称。在一个项目的实施过程中，一个进度计划是否可行，取决于项目的资源是否满足需要。如果资源不受限制的话，编制一个进度计划是一件轻松愉快的工作，而现实中，项目经理、计划工程师面临的是资源的紧缺，这样，要编制一个切实可行的计划就不那么轻松了。比如设计院编制一个设计计划，起决定因素的是有没有足够的经验丰富的工程师。如果可以增加人手的话，则完成一个项目的设计是不成问题的，但工程师不可能随时增加，因此编制计划时就必须全面考虑目前的工作量是否已经饱和，采用一种什么样的方法可以保证各个专业的设计师的配套。如果资源发生冲突，资源负荷超过限量或者资金不能足额到位，都会直接影响计划的可行性。

在编制完成进度计划以后，就需要给作业加载资源，把作业需要的人力资源、材料资源、机械设备的使用资源加载到作业上去。P3e/c 则会根据加载的资源情况，结合项目的进度安排，计算出项目的资源与费用的具体分布。而根据这些分布的柱状图、剖析表及曲线，我们就可以分析资源是否已经超过限制、费用是否超过计划安排。

2.3.2 资源的建立

在编制计划之前，需要建立该项目的资源。这是 P3e/c 建立计划的基础工作。之所以把资源的建立挪到这里介绍，是因为这样讲更容易理解。

建立资源需要在 P3e/c 主窗口点击资源，如图 2-48 所示。

打开资源以后，可以看见资源窗口，如图 2-49 所示。

在资源窗口里，可以看见当前项目的资源情况。也可以点击当前显示资源的右键，选择过滤条件为所有资源，则可以看见所有资源的情况，如图 2-50 所示。

在 P3e/c 里，资源分为人工、非人工、材料三种类型。人工资源是企业内所有的项目重复使用的资源，一般是用时间来计量的。非人工资源一般指的是机械设备，也是用时间来计量的。材料资源不是以时间来计量，而是以资源本身的度量单位来计量的，如混凝土、土石方用立方米计量，抹灰用平方米计量。

资源可以分配给企业内所有的项目中的作业。资源分解结构（RBS）是树状层次结构，最大可支持 25 层，支持多根点或单一根点的方式设置层次结构，也就是说，可以只有一个根节点，也可以有多个根节点。

在 P3e/c 中，资源代码是唯一的，但资源名称可以是相同的，资源代码可以是中

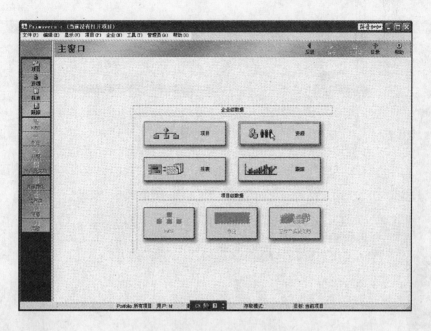

图 2-48　在 P3e/c 主窗口点击资源

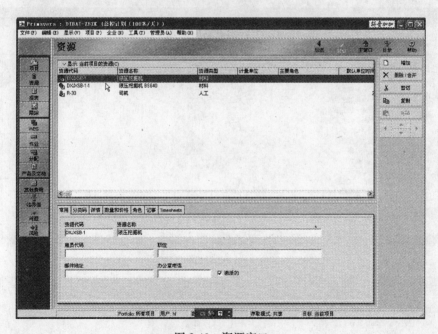

图 2-49　资源窗口

文，也可以是字母的。在资源管理方面，P3e/c 与 PROJECT 几乎是相同的，只是多了 RBS 的原因，可以表现为树状结构，这样在管理不同的项目资源时，显得更加便捷。

推荐按照如下的方式建立资源库。

人力资源：按部门、专业依次排列，如图 2-51 所示。

非人力资源：按机械设备种类依次排列，如图 2-52 所示。

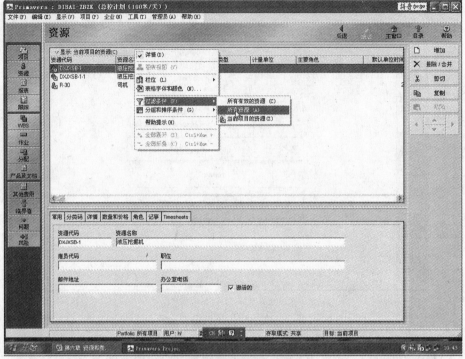

图 2-50　资源显示的过滤条件

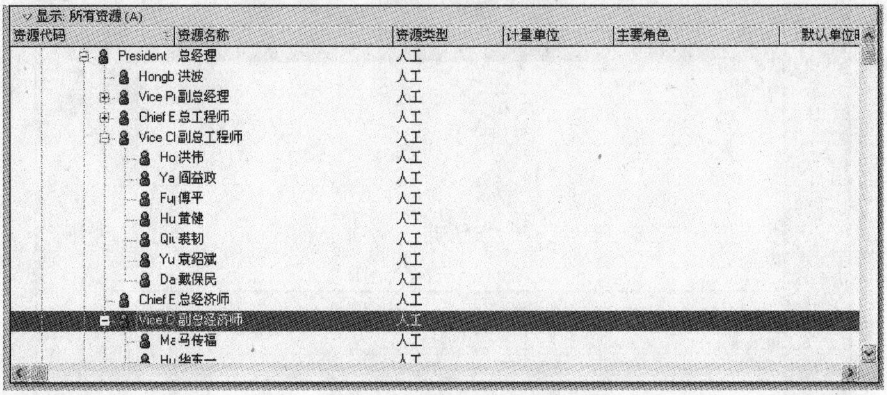

图 2-51　人力资源视图

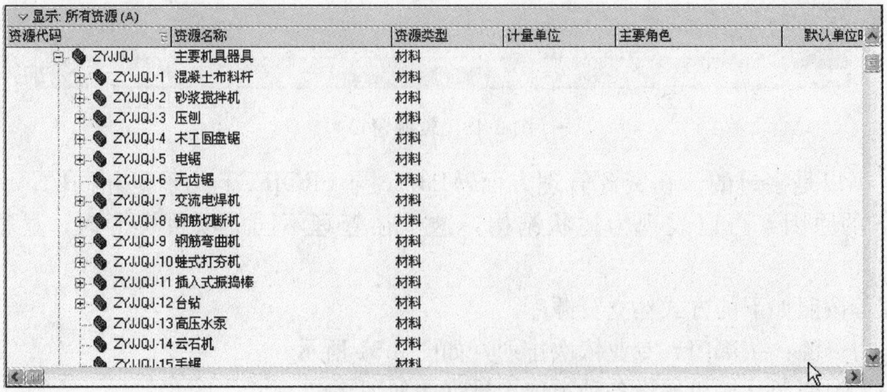

图 2-52　非人力资源视图

材料资源：按材料类别排列，如图 2-53 所示。

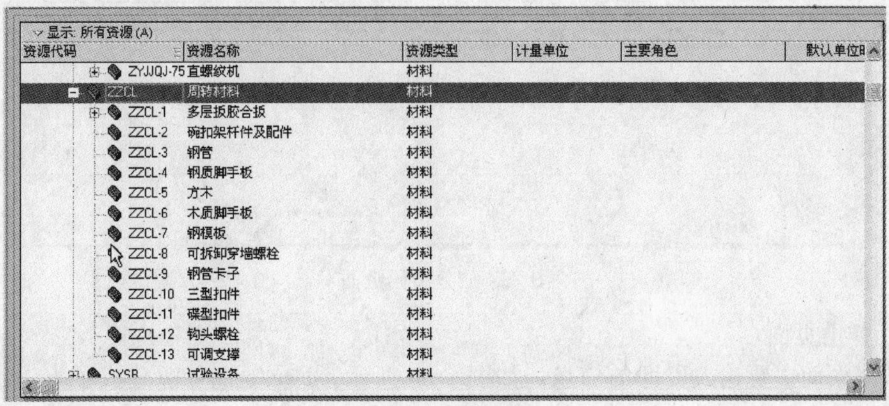

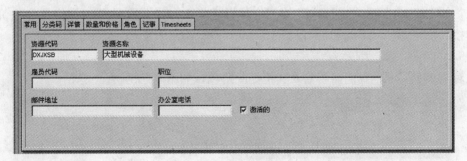

图 2-53　材料资源视图

值得注意的是，在 P3e/c 里，常常把工程量也作为资源来进行分析与统计。我们知道，人力、材料、设备可以作为资源进行分析，人力、材料、设备对工程进度计划有明显的制约，因为它们是需要在工程的施工中消耗的，而工程量是完成工作的一种量度，它是施工以后才产生的，按理不应该与资源混为一谈。但 P3e/c 里，把工程量看成了广义的资源，因为它们也可以进行分类汇总与统计。目前在国内使用 P3e/c 的用户中，普遍是按照这种方式进行处理的。但工程量与资源的概念是完全不同的，资源可以限制进度计划的执行，而工程量只是工程完成情况的度量，工程量是不会限制工程的进展的，这点一定要注意。当然，在 P3e/c 还没有提出新的方案以前，我们仍然需要把工程量视为广义的资源。

在资源窗口下，我们可以发现常用、分类码、详情、数量和价格、角色、记事和 Timesheets 几个页面。

1. 常用页面

常用页面如图 2-54 所示，包含资源代码、资源名称、雇员代码、职位、邮件地址、办公室电话等信息，用于输入资源的基本信息。

图 2-54　常用页面

只有人力资源才需要输入雇员代码、职位、邮件地址、办公室电话等。

2. 分类码页面

资源分类码指的是对资源分类，如图 2-55 所示。与其他代码类似，也是树状结构，是用来给资源分类用的。建立资源分类码需要在企业—资源分类码里建立。

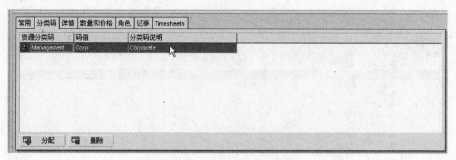

图 2-55　分类码页面

3. 详情页面

详情页面主要输入资源的信息，如图 2-56 所示。P3e/c 把资源分成了人工、非人工、材料三大类，计量单位指的是该资源的计量方式。在 P3e/c 里，人工、非人工的计量单位为时间单位，即小时、天、周或月，而材料的计量单位为材料本身的计量单位，如立方米、千克等。对于工程量资源，一般使用的计量单位是材料的计量单位。

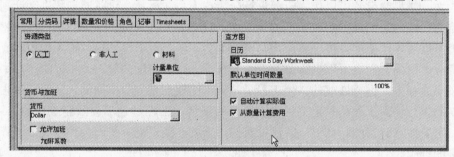

图 2-56　详情页面

日历是指该项资源的日历。如挖掘机每月工作 28 天，其余为检修时间；管理人员每周工作时间为 5 天，而普通工人工作时间是每周 7 天。

4. 数量和价格页面

我们可以在该页面下确定是否使用班次日历，定义各班次单位时间最大量以及单价信息，如图 2-57 所示。注意这里的单价可以定义五种，分别是总包价格、分包价格、成本控制价格等各种不同的价格。

5. 角色页面

对于人工资源，我们需要输入其担任的角色，如图 2-58 所示。

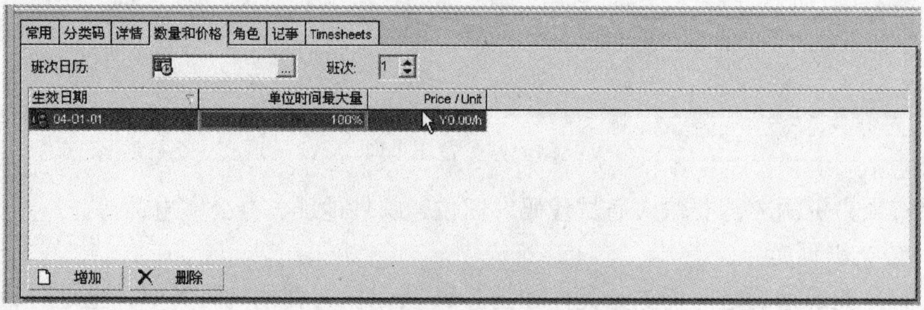

图 2-57　数量和价格页面

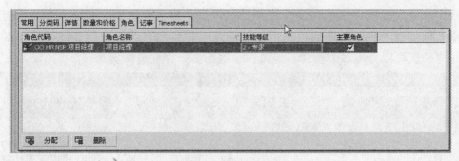

图 2-58　角色页面

6. 记事页面

记事页面如图 2-59 所示，可以输入与该种资源有关的记事。

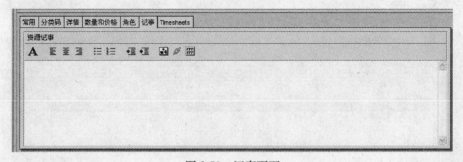

图 2-59　记事页面

7. Timesheets 页面

这是用于输入 PR 的工时单的信息，即由何人可以输入工时单，工时单的批准人员等如图 2-60 所示。

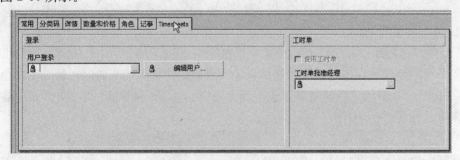

图 2-60　Timesheets 页面

2.3.3　资源的分配

在项目的实施过程中，资源的使用是必须注意的环节。如果一个项目的计划没有充分考虑资源的可得性与可用性，则必然造成资源安排发生冲突、资源超出最大限量的问题，使得计划不可能按期实施。因此，必须在编制完成项目的进度计划以后，给作业分配好具体的人力、机械、材料等资源，并检查其资源随时间的分布情况。在 P3e/c 里，只要按要求输入以后，计算机就会计算出分布柱状图、剖析表，就能分析资源是否出现超限量分配。

给作业分配资源和角色，是在打开项目以后，进入作业窗口后，如图 2-61 所示，选择作业详情表中的资源页面，使用增加资源或角色的方法，进行资源与角色的分配的。这里一次可以分配多个资源，也可以一次给多个作业分配资源。

图 2-61　作业窗口

1. 分配资源与角色

分配资源是在图 2-61 所示页面中，点击增加资源按钮，在资源库中选择合适的资源即可。

而分配角色是指在编制计划的初期，还没有确定作业上的资源时，暂时用角色代替资源，如图 2-63 所示。当计划编制进行到角色能具体到资源的时候，就需要用适当的资源来取代角色。

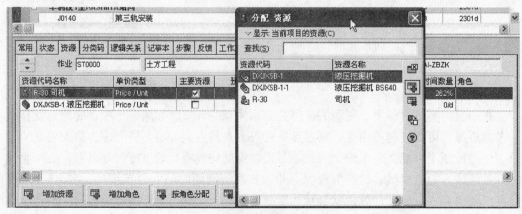

图 2-62　分配资源

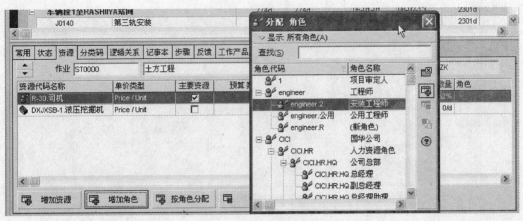

图 2-63　分配角色

在添加资源的过程中，可以修改、替换或删除选中的资源或角色。可以一次修改多道作业的资源情况。

2. 选择单价类型

在 P3e/c 里，每一资源可以定义 5 种资源单价，以便反映同一资源的不同的项目单价。资源单价类型的说明可在管理员中的管理设置中进行修改，如图 2-64 所示。

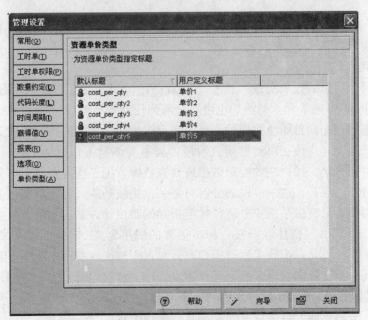

图 2-64　管理设置

在资源详情表中的数量与单价页面，可以定义资源在不同时段的单位时间的最大量与单价。也可以根据资源的班次来定义相应的单价。

资源如果允许加班，如图 2-65 所示，并已设置好加班系数，若该资源在实际工作时，存在加班工作，则 P3e/c 会根据正常的单价与加班单价来计算常规费用与加班费用。

3. 按角色分配资源

如果给作业分配的是角色，这样在项目实施前就要用资源置换角色，才能保证作业

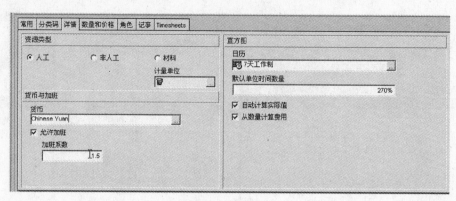

图 2-65   加班费用

的责任与工作的落实。

4. 资源曲线与延时

资源曲线是将资源工期 21 等分，在每一等分中输入资源分配的百分比。这是用来让资源的投入更符合作业的需要用的。P3e/c 中，提供了 10 个默认的标准曲线，用户也可以自己定义本项目的资源曲线。

2.3.4   费用管理

在 P3e/c 里，费用管理设计得很好。在 P3e/c 里做好费用管理的主要手段为自上而下的投资分解与自下而上的费用管理。

1. 自上而下的投资分解

什么是自上而下的投资分解？投资分解就是把项目的投资，按照 WBS 分解结构，分解到每一个 WBS 的单元。当然，也可以分解到任意的 EPS 节点和项目。作为项目的业主，应该把投资控制自始至终作为工作的重点，把建设前期的投资管理工作作为重点考虑的对象。首先，应该在可行性研究阶段，就需要编制工作分解结构，如图 2-66 所示，把投资进行分解。按以往的经验数据或调查数据，把工程投资按工作分解结构进行自上而下的分解。当然，这一阶段的分解只是一个粗线条的，可能存在很多的问题，但这一工作必须做；只有做了投资分解，才能指导编制设计方案。如某大厦初步确定建筑面积为 50000m²，18 层商住综合楼，初步估算的费用为 32000 万元，投资分解为：建安工程费用 17000 万元，市政工程费用 500 万元，土地征收费用 12000 万元，三通一平费用 100 万元，设计咨询费用 300 万元，建设管理（含监理费）为 700 万元，政府收费 120 万元，其他费用 1000 万元，预估的投资总额为 31720 万元。这样一个数字，还需要继续分解，分解到能大致估算并能论证其合理性为止。

有了这样一个投资分解，就可以编制设计任务书，为大厦的设计确定一个大体的投资目标。初步设计完成以后，设计院提交设计概算，我们则依据预先设定的投资结构分析对设计进行评估。如果是投资分解结构不符合实际，则接受初步设计的意见，如果初步设计大大偏离了投资目标，而投资目标又是基本合理的，就指令设计院作出修改。对于初步设计，应该履行批准手续，经过批准的初步设计概算，作为下一阶段的施工图设计的投资控制目标。

在施工图设计完成以后，需要作施工图预算。这一预算必须与投资控制目标相一致。

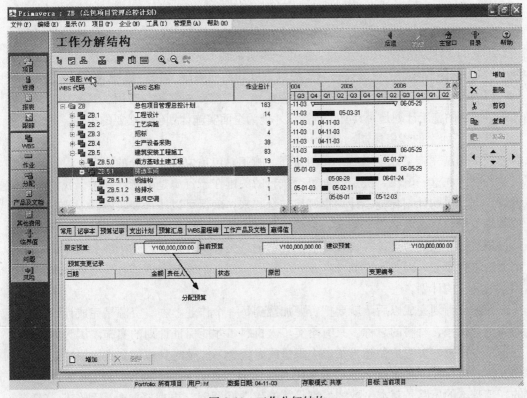

图 2-66　工作分解结构

如果施工图预算严重偏离投资控制目标，超出初步设计概算 10％或没有完全执行能节省就节省的原则，就需要指令设计院修改设计。我国的设计院往往存在一种倾向，即盲目的不计代价地加大安全系数的问题，项目管理人员应该通过自己的分析，提出多种可能方案，并让设计院复核以修改设计，而不应该把所有的期望都放到设计院身上，希望他们能自觉把好造价控制的关。当然，P3e/c 软件是只有一次分配的，这样我们就应该做计划版本的升级，不同的工程管理阶段提出的计划是不一样的，但最后的版本就是施工的依据。

应该注意的是，这一投资分解工作是自上而下进行的，每一次的分解，都应该按照 WBS 进行，这样可以保证分解没有遗漏重要的部分；这一分解也是分阶段进行的，每一阶段分配的值并不完全一致，这反映了项目管理工作从粗到细逐步深化的过程。另外，还要注意的是留有余地，一定要在每一设计阶段留出不可预见费用。这样，通过层层把关，就可以得到一个投资控制得很好的可执行的设计。国外专家指出，虽然设计费用占工程总投资的比例很小，不到 1％，但它对工程造价的影响程度达到 75％。通过层层分解，实现对投资限额的控制和管理，也同时实现了对设计规范、设计标准、工程数量及概预算指标等各方面和设备、材质的控制。不易确定的某些工程量，可参照设计和通用设计或类似已建工程的实物工程量确定。

施工图预算是签订施工合同的依据。在安排好施工计划以后，要根据已做出的工作分解结构，组织合同招标工作。这时，应该把施工图预算作为合同谈判的控制目标，尽可能地保证合同目标的实现。当然，在这一阶段也应该留出不可预见费用，作为原始设计出现错误和需要变更的费用。在这一阶段，应该注意选择一个总承包商，尽量减少不必要的指定分包,这样可以很大程度地减少项目管理的难度;同时,我们又必须从中国现实的国情出发,不要把所有的希望都寄托在总包单位身上。在完成施工图设计后,应该对编制的工作分解结构进行修订,以进一步明确施工应该完成的工作。应该指出,在编制 WBS 分解结构时,不应该只是为了编制进度计划而编制 WBS,编制 WBS 也是为了造价管理的需要,每一级 WBS 都需要得出完成该工作需要的资源与费用。只有这样,我们才知道编制的施工计划是否具有可行性,才能为全面实施计划创造必要的条件。

2. 自下而上的投资控制

业主编制完施工计划以后,要与监理、施工总包单位进行充分的协商,讨论计划的可执行性。在这一阶段,决定计划可否执行的关键在于资源是否能够到位。我们需要把设计计划、采购计划与施工计划很好地结合起来,确保可以按计划实施。一般的建设单位和施工单位在编制总控计划时,只是编制施工计划,而对于施工影响极大的审批、设计、招投标、采购、运输等诸多环节没有编制进去;这样,任何一个环节卡住了,工程都无法进行下去。因此,编制总控计划一定要编制一个充分考虑了各种有利因素和不利因素的完全的计划。

在进度计划完成以后,就要把资源加载到每一个作业上去。资源是完成计划所必需的人员、机械、材料的总称。只有落实了人机料,才能保证计划的实施。因为如果资源安排发生冲突,资源负荷超出了最大限量或者资金不能及时到位都会直接影响到项目计划安排的可行性。在 P3e/c 软件或 PROJECT 软件中,资源计划都是用浓墨重笔描述的,其基本的思路是基本一致的,都是首先建立好资源,再把资源分配到作业(任务)上去。然后对资源分配情况进行分析,通过资源直方图、资源剖析表等方式,查看是否出现资源无法满足要求的情况出现。图 2-67 所示的即是加载资源的情况。

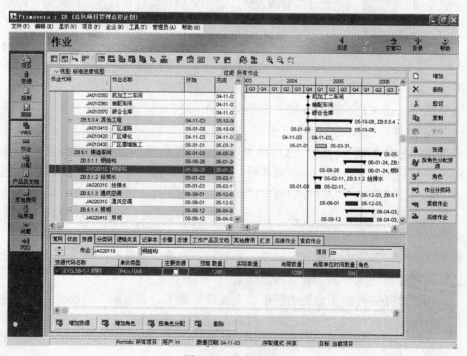

图 2-67 加载资源

在 P3e/c 和 PROJECT 软件里，通常我们把工程量也作为一种资源进行管理。工程量与人员、材料、机械设备本身是完全不同的两个概念，人料机是施工中将要使用的、对工程计划起决定性控制作用的影响因素；而工程量是施工完成的数量，对工程计划的完成本来没有多少影响。但由于其统计上的作用是相同的，故我们也把它视为广义的资源。在业主的计划里，一般不牵涉具体的人料机资源，只需要统计工程量，因此工程费用计算就只需要考虑完成多少工程量；而在承包商处，就必须考虑人料机等资源对工期计划的决定作用，工程费用与人料机的计划数量、实际消耗数量就建立了密切的联系。工程量资源的加载与其他的资源加载的方法完全一样，都是先在软件中建立工程量资源，然后在作业中分配预加载的资源。

在完成资源加载的同时，我们还要完成资源费用的加载。资源费用是指使用资源所发生的费用，如人力资源即劳动力资源费用（人工费），由劳动力资源在作业上的用量与资源的单价求出；机械台班费是由作业上使用的机械工时数与机械台班单价求出；材料费用由作业上使用的数量与材料单价求出。一个作业可以加载多个资源，每一资源又有多种不同的单价，根据资源费用，我们可以在计划的执行过程中，动态地求出完成的费用数量。应该指出，这样一种费用管理的方式是自下而上进行的，由作业累计到WBS，再由低级的 WBS 汇总到高级的 WBS 上，并最后汇总到项目以及更上层的 EPS 结构上去。这样，我们就可以根据作业的完成情况，定量地求出工程费用的完成情况。图 2-68 是费用加载的图。

工程费用的划分应该按照费用科目进行。费用科目是用于汇总与统计工程费用而使

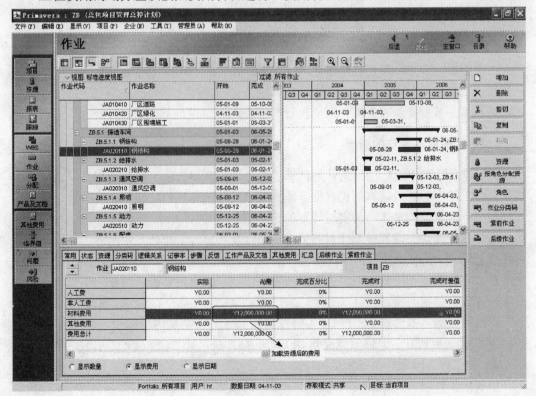

图 2-68　加载费用

用的，一般有两种体系，一种是财务会计体系，即按照财务会计的方法划分费用科目，划成办公费、工资、差旅费、低值易耗品等；另一种是基建会计的方法划分费用科目。一般应该按照基建会计的方法，把工程费用按照 WBS 进行费用统计。这样，就可以随着工程的进展，讨论工程项目的完成情况。

工程项目的进度更新是进度管理的一个重要方面。编制完成进度计划以后，需要按期进行进度计划的更新工作，即把工程实际进度输入到计算机里，并更新资源的使用情况。如在 12 月基础开挖已完成 100%，使用的机械设备有挖掘机 2 台，原定的工期为 35 天，而实际使用的工期为 30 天；完成基础混凝土浇筑 60%，使用的混凝土搅拌机为 1 台，原定工期 10 天，已完成 7 天，完成浇筑混凝土方量为 $160m^3$ 等。把上述信息输入计算机，就是进度更新的工作。为什么需要做进度更新呢？因为只有通过进度更新工作，我们才能让计算机检查进度计划的完成情况，并给我们提供哪些工作的任务已经完成，它的计划已提前或拖后几天，对今后的工作会带来多大的影响等等。通过进度更新，就可以实际掌握工程费用的执行情况，因为知道每一道作业消耗了多少资源，而每一种资源也有单价，因此，计算机就可以自动计算出发生了多少工程费用。

这些作业上的工程费用又自动汇总到 WBS 上，由低而高的 WBS 汇总，一直到项目和项目之上的 EPS 结构，这就是自下而上的投资费用的管理。通过自下而上的费用统计，我们可以与自上而下的投资分析进行比较。这两种方式的综合运用对于我们做好工程费用的管理是十分有用的。

2.4　进度计划的编制与执行

在前面的章节里，我们建立了项目的 WBS 和作业，下面要讨论如何进行进度计划的编制，以及采用关键路径法进行进度计算的方法与原理，学习前推法与逆推法。更重要的是在这一节里要学习进度计划的执行与检查，而这正是 P3e/c 的长处。

2.4.1　关键路径法的概念

关键路径法是 P3e/c 用网络计划计算工程工期的基本方法。网络计划是以网络图为基础的计划模型，其最基本的优点就是能直观地反映工作项目之间的相互关系，使一项计划构成一个系统的整体，为实现计划的定量分析奠定了基础。同时，从数学的高度，运用最优化原理，去揭示整个计划的关键工作以及巧妙地安排计划中的各项工作，从而可使计划管理人员依照执行的情况信息，有科学根据地对未来作出预测，使得计划自始至终在人们的监督和控制之中，达到以最短的工期、最少的资源、最好的流程、最低的成本来完成所控制的项目。

网络计划的基本形式是 CPM（关键线路法）。CPM 是美国杜邦公司和兰德公司于1957 年联合研究提出。P3e/c 就是运用 CPM 的方法，计算工程的工期。关键路径法（CPM）的工作原理是：为每个最小任务单位计算工期、定义最早开始和结束日期、最迟开始和结束日期、按照活动的关系形成顺序的网络逻辑图，找出必须的最长的路径，即为关键路径。

CPM 是项目管理中最基本也是最关键的一个概念，它上连着 WBS（工作分解结构），下连着执行进度控制与监督，所以在进行项目操作的时候，确定关键路径并进行有效的管理是至关重要的。

2.4.2 网络计划表现形式——网络图

1. 单代号网络图 PDM（Precedence diagramming method）也称 AON（activity-on-node）

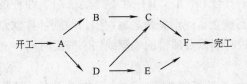

图 2-69 单代号网络图

P3e/c 采用的是单代号网络图，用节点反映作业情况，节点间带箭头连线反映作业间的逻辑关系。箭尾点为紧前作业，箭头所指节点为后续作业。它支持 4 种逻辑关系：完工—开工（FS）、开工—开工（SS）、完工—完工（FF）、开工—完工（SF）。这四种逻辑关系包含了作业间可能发生的所有工艺和组织关系。

图 2-69 表示：项目开始，A 作业完成后，B、D 作业同时开始，B、D 完成后做 C 作业，D 完成后做 E 作业，C、E 完成后做 F 作业，F 作业完成，项目结束。

2. 箭线图法（Arrow Diagramming Method）或称为双代号网络图（Activity-on-Arrow）

用箭头表示作业，而用节点连接作业表示作业间的依赖关系，如图 2-70 所示：

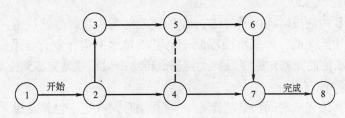

图 2-70 双代号网络图

在箭线图中，作业间只有完成—开始一种逻辑关系。

双代号网络图中，增加了一种虚作业，如图中④～⑤的作业，是虚作业。它不需要任何资源，工期为零，用虚箭头表示，只用于表示时间顺序。

P3e/c 没有采用这种表示方法。但这种方法在国内的一些项目管理软件中应用得较普遍。

3. 网络参数

ES——最早开工时间；

EF——最早完工时间；

LS——最晚开工时间；

LF——最晚完工时间；

OD——原定工期；

TF——总浮时。

$EF = ES + OD$

$$LS = LF - OD$$
$$TF = LF - EF = LS - ES$$

关键路径：$TF \leqslant 0$ 或总浮时为最小的作业所构成的线路。

关键作业：关键路径上的作业为关键作业。

2.4.3 逻辑关系

什么是逻辑关系？逻辑关系就是作业之间的依赖关系，它表示了一项任务，它之前必须完成什么作业，之后必须完成什么作业。P3e/c 与 PROJECT 一样，都是采用了四种逻辑关系来表达作业的先后顺序的，见图 2-71。当建立了逻辑关系之后，项目时间计算就是根据逻辑关系，由计算机算出作业的开始与完成时间以及项目的关键线路、完工时间。

1. 完成到开始（FS）

P3e/c 默认的逻辑关系类型，也是最常用的一种逻辑关系。它表示作业 B（后续作业）的开始时间是由作业 A（紧前作业）的完成时间决定的。如混凝土浇筑，必须是绑扎钢筋完成以后开始。则混凝土浇筑就是绑扎钢筋的后续作业，而绑扎钢筋是混凝土浇筑的紧前作业。

2. 开始到开始（SS）

表示作业 B 的开始时间由紧前作业 A 的开始时间决定。也就是说，在作业 A 开始以后，作业 B 才能开始。如装修工程必须在机电设备的安装开始以后开始，则这两道作业就是开始到开始的逻辑关系。

3. 完成到完成（FF）

表示作业 B 的完成时间由紧前作业 A 的完成时间决定。也就是说，在作业 A 完成以后，作业 B 才能完成。如基坑浇混凝土与基础排水两道作业，必须是浇混凝土完成以后，基础排水才能完成，则浇混凝土与基础排水两道作业是完成到完成的逻辑关系。

4. 开始到完成（SS）

表示作业 B 的完成时间由紧前作业 A 的开始时间决定。也就是说，在作业 A 开始以后，作业 B 才能完成。

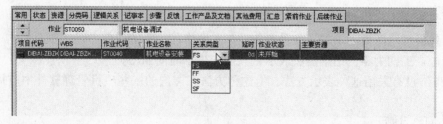

图 2-71 四种逻辑关系

逻辑关系的延时：

如果后续作业不是在紧前作业的开始（完成）后立即开始（完成），则必须考虑逻辑关系的延时。如基础混凝土浇筑后立上层柱模之间应该有一段时间的混凝土凝固时间，P3e/c 把这种关系称为延时。延时共有两种情况，一种是正延时（LAG），即上述情况下的延时；另一种情况为负延时（LEAD），即作业间的交叉搭接。如基础开挖与基础混凝土浇筑，逻辑关系为 FS，即完成到开始，而基础混凝土浇筑是在基础开挖结束前十天开始的，则混凝土浇筑为基础开挖的负十天延时。在软件里，负延时用输入负值表示。

2.4.4　作业工期估算

作业工期估算是指确定每个作业的工时数。主要的方法有专家估算法、类比估算法和历史数据。所谓专家估算法，就是由有经验的内行人士，根据企业的现状，估计完成作业需要的时间。通常估计最少需要多少时间、最多需要多少时间和最有可能需要多少时间，然后由计划工程师平衡，估计出一个时间。所谓类比估算法，就是找出与要建设的项目相类似的项目，进行类比分析。在 P3e/c 里，采用 MM 模块，用以前的项目数据确定当前项目的工期，这就是历史数据法。

应该指出，工期估算是一个渐进明细的过程。应由负责完成该项工作的项目实施人员来进行，至少应取得他们的同意，而项目经理的职责就是为团队提供充足的信息以进行正确的估算。

2.4.5　前推法与逆推法

前推法计算工期，是指根据项目的开始时间，从没有紧前作业的作业即开口作业开始，基于作业的逻辑关系计算每道作业的最早开始与完成日期。对于开口作业，如果没有附加限制条件的话，其最早开始日期等于项目的数据日期。

前推法计算的是作业的最早日期：最早完成日期＝最早开始日期＋工期－1。

逆推法计算工期，是指根据项目的完成时间，从没有后续作业的作业开始，基于作业的逻辑关系计算每道作业的最晚开始与完成日期。对于没有后续作业的作业，如果没有附加限制条件的话，其最晚完成日期等于项目的最晚完成日期。

逆推法计算的是作业的最晚日期：最晚开始日期＝最晚完成日期－工期＋1。

2.4.6　进度计划的执行

编制计划以后，计划的执行是 P3e/c 的强项。我们经常看见用各种软件编制的计划，但怎样去执行这一计划，对于执行过程中的考核与评价只是寥寥。这样编制的计划，尽管有些计划编制的也很漂亮，但缺乏执行过程的跟踪与检查，只能是一个摆设。所谓"计划计划，墙上挂挂"，说的就是这种没有执行过程的跟踪与评价的计划。因此，采用 P3e/c 软件，就是要发挥 P3e/c 的强大的预测、调控的功能，真正把计划用好用活。

1. 计划调整的方法

计划执行过程中，对进度计划的调整是常常发生的。如实际过程中出现的因为种种原因，项目的开工时间拖后了；因为付款原因、材料设备供应的原因，导致计划无法完成，必须做计划的调整工作。应该指出的是，计划的调整是有条件的，不能任意调整，一般只有牵涉到合同调整以后，计划才允许调整。对于这个问题，将在以后的章节作专门的讨论。

进度计划调整的方法一般是调整关键路径中的作业，因为只有关键路径才能影响工期。当然，该项分析可能需要作好几次，在修改关键路径的作业后，可能非关键路径的作业成为了新的关键路径，我们需要继续调整。只有在项目的关键路径上的所有作业都满足合同的要求，而且没有出现负浮时，对进度计划的调整才能完成。

调整的方法是：

1）增加资源。如果作业可以通过加大资源的投入来压缩工期的，则给作业增加资源。这里一般是独立式作业，作业根据资源的可用量决定工期。如在土方开挖时，如果增加一台挖掘机，通常会加快进度。

2）增加工作时间。如果条件允许的话，可以改变作业的日历，以增加作业的工作时间的方法来作进度调整。如改变每周工作制，由每周5天工作改为7天工作，或者将每天的工作时间由8小时工作改为三班倒。

3）改流水施工为平行作业或交叉作业的方法。如果允许增加工作面，则可以把一个工作场地划分为两个工作面。这样，我们可以把如图2-72所示的37天的工期，通过上述方法压缩为29天。

图 2-72　将流水施工改为平行作业或交叉作业

2. 资源平衡

在编制计划过程中，经常用到资源平衡的方法。什么是资源平衡呢？资源平衡就是根据资源的可用量和平衡规则，来重新调配资源的分配的方法。

我们首先要知道某一资源是否超出了最大限量。如果某一资源超出了最大限量，则该项资源将无法保证，这样，该计划的执行就不可行。在资源超出最大限量时，必须对该项资源作出调整，可采用用同类资源去替换或部分替换已超过限量的资源、增加资源的单位时间最大量或调整资源日历（增加有效工作时间）等方法。

分析的方法是：打开具体的项目，进入作业窗口，在"显示"菜单中选择显示于底部、资源直方图。

如图2-73所示，对于土方开挖，该项设备已经超出最大施工能力，图上出现红色，这样就必须作出修改。否则，施工时就会出现机械不够用影响工期的情况。

3. 目标项目的设定

在开始实施计划之前，应该把计划改为目标计划。方法是打开"项目"中的"目标项目"，点击增加，选择把当前项目另存为一个副本作为新目标，点击确定，即出现一个目标项目，如图2-74所示。

选择在第一目标项目处打钩，这样，目标项目就已经设置成功了，如图2-75所示。

设置完成后，就可以对项目进行更新操作了。注意，需要在作业窗口下，打开"显示—横道栏"，把第一目标项目打上勾才能在同一幅图中显示目标项目与实际工程项目的横道图出来，如图2-76所示。

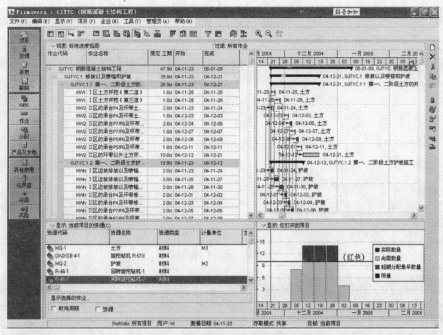

图 2-73　用"资源直方图"分析资源

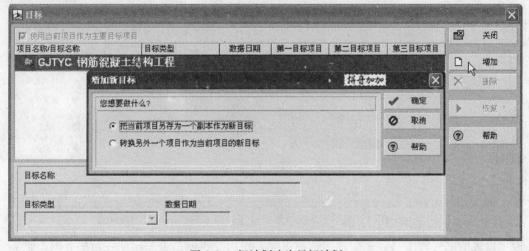

图 2-74　把计划改为目标计划

设置完成以后，可看见横道图如图 2-77 所示。

放大看，就是在已有的横道下面，出现了一个黄色的横道，这个横道就是目标项目。在没有更新数据时，上下横道线是完全一致的，一旦作了进度更新，就会出现差异了，而这种差异正是计划与实际执行计划的差异，如图 2-78 所示。

也可以在计划的执行过程中，设置几个目标项目，设置的方法与上述完全相同。有了目标计划，就可以比较计划与执行的差异，如图 2-79 所示。

2.4.7　临界值的设定

在编制完成计划以后，我们还应该设置临界值。什么是临界值？临界值就是用来监

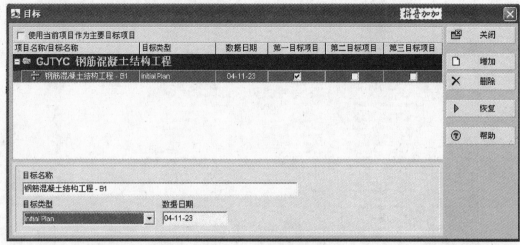

图 2-75　设置目标项目

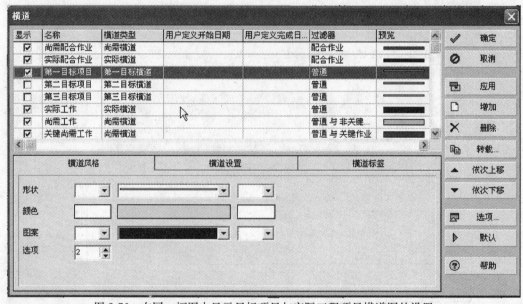

图 2-76　在同一幅图中显示目标项目与实际工程项目横道图的设置

控项目进度的一种工具，主要用于监控进度、费用等指标是否超出了一定的界限。临界值上、下限＝目标计划值－当前值。

用途：指明要监控的参数类型，如总浮时或完成日期差值。

方法：设置临界值的上、下限值来定义可以容许的范围。

监控点：在作业层、WBS 层对临界值进行监控。

在作业层，P3e/c 测试并报告每道作业中超出临界值的问题。

在 WBS 层，P3e/c 测试每道包含在指定 WBS 元素中的作业，如果任何一道作业超出了临界值，则生成一个问题。

目的：如果一个给定参数超出了临界值，问题将自动生成。

临界值设定的步骤是：

1）指明临界值参数；

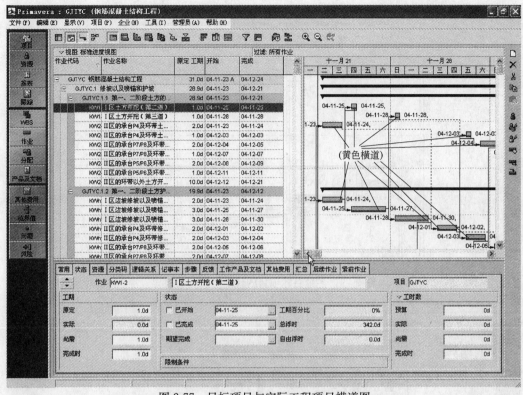

图 2-77　目标项目与实际工程项目横道图

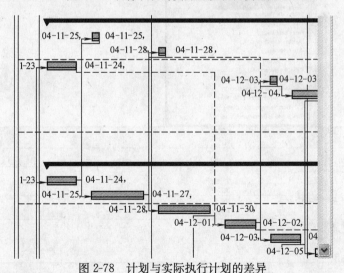

图 2-78　计划与实际执行计划的差异

2）设置临界值的上、下限值；

3）选择你想要监控的 WBS 元素；

4）指明详情的层次，WBS 或作业；

5）分配责任人；

6）分配问题的优先级。

具体操作是：打开临界值窗口，点击增加临界值，选择一种临界值参数，如图 2-80 所示可以选择的临界值参数有 14 种，这里作简单介绍。

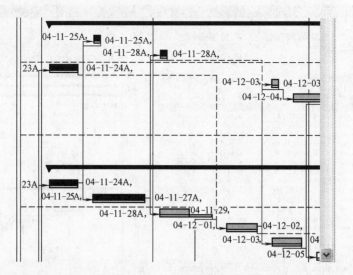

图 2-79　多个目标项目的计划与执行的差异

图 2-80　临界值设定

　　1）Start Date Variance：开始日期差异，如该值为负值，表示当前开始日期已晚于目标项目开始日期。

　　2）Finish Date Variance：完成日期差异，如该值为负值，表示当前完成日期已晚于目标项目完成日期。

　　3）Total Float 总浮时，表示监控当前项目中作业的总浮时。

　　4）Free Float 自由浮时，表示监控当前项目中作业的自由浮时。

5）Duration ％ of Original　实际工期占总工期的百分比。

6）Cost ％ of Budget 实际费用占预算的百分比。

7）AV-Accounting Variance 计划费用与实际总费用的差值。

8）VAC- Variance at Completion　完成时的费用差值。

9）CV-Cost Variance 赢得值（BCWP）与实际费用（ACWP）的差值。

10）CVI-Cost Variance Index 费用差值指数，CVI＝CV/BCWP。

11）CPI-Cost Performance Index 费用指数，CPI＝BCWP/ACWP。

12）SV-Schedule Variance 赢得值（BCWP）与计划费用（BCWS）的差值。

13）SVI-Schedule Variance Index 进度差值指数，SVI＝SV/BCWP。

14）SPI-Schedule Performance Index 进度指数，SPI＝BCWP/BCWS。

如图 2-81 所示，监控的内容有临界值参数，指需要监控的内容是什么；上下限，监控的范围，在上下限范围内不报警，超出范围则将产生一个问题；监控到哪个 WBS，指在哪个范围内实施监控；监控等级有 WBS 或作业两个；责任人是谁等等。

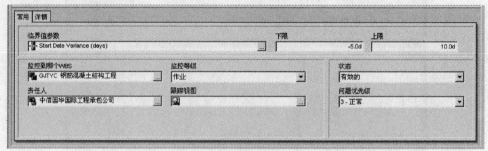

图 2-81　临界值参数

2.4.8　实际进度的更新

对一个工程项目而言，实际进度的更新就是把实际工程的完成情况输入计算机，让计算机反映实际工程的进行情况。此时，会发生实际工期与原来估计的不同、工作范围的改变、资源调配、资金周转等存在问题等，所以，必须及时地、周期性地对项目计划进行实时更新，并通过相关临界值和挣值（P3e/c 中称之为赢得值）对项目进展的情况进行评价和分析。

1. 项目实际进度更新的内容与方法

实际进度计划更新的内容有：作业的实际开始与实际完成日期、尚需工日、完成百分比、作业上分配的资源的实际数量与尚需数量，作业的其他费用的实际数量与尚需费用。

进度更新的周期的确定：数据更新的周期决定了对计划更新、调整的频率。一般而言，数据更新的周期由业主提出要求，承包商只能执行。如中信国华公司在做西门子项目时，业主的管理单位国金管理公司要求每周提交一次进度报告，要求每周一上午九点前提交，因此进度计划的更新就是每周一次。也有的单位是每半月一次甚至每月一次的。如果更新周期太短，则需要花费的时间就很多；但如果更新周期太长，则难以将实际工程进展情况及时反映出来，不能及时发现问题和解决问题。

确定进度更新数据来源的方式：进度更新的方法有三种，一是通过 PR 更新，二是通过 PM 更新，三是通过 PV 更新。

1）作业的参与者通过 PR 反馈作业的实际开始日期、期望完成日期、实际完成日期及各资源的实际数量与尚需数量，这种方法不能更新其他费用。

2）项目的计划工程师根据收集到的参与者提供的数据，对进度计划进行更新。

3）计划工程师通过 PV 来更新作业数据。

2．下一周期作业内容的下达

与进度更新的方法类似，下一周期作业内容的下达同样有三种方式。这里就不详细叙述了，仅介绍 PM 下达作业内容的方法。这需要制作一个下一周期要开始或完成的作业的清单的动态过滤器，通过过滤器的作业，就可以显示出来。

该过滤器的设置方法如下：

1）选择"显示"—"过滤器菜单"，新建"动态作业清单"这一过滤器；

2）设置过滤器的过滤条件，如图 2-82 所示。

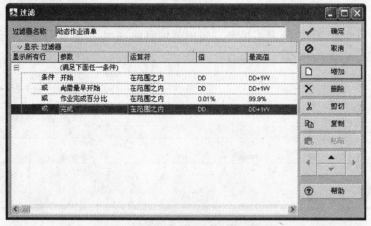

图 2-82　设置过滤器的过滤条件

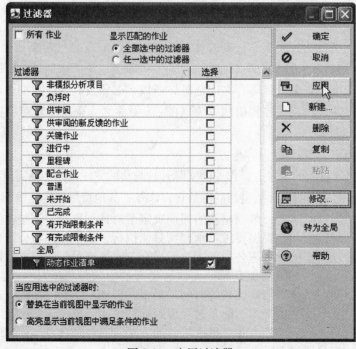

图 2-83　应用过滤器

3）点击"确定"，并运用该过滤器，如图 2-83 所示。

应用该过滤器，可得到下一周期需要完成的作业清单，如图 2-84 所示。

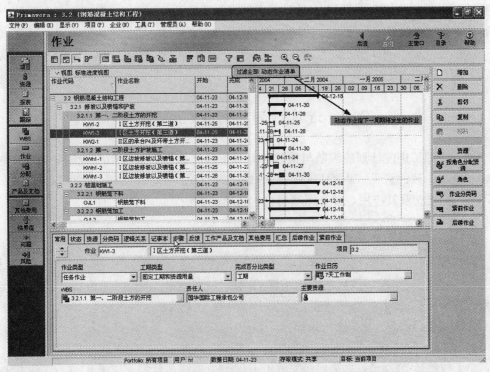

图 2-84　应用过滤器后得到的下一周期需要完成的作业清单

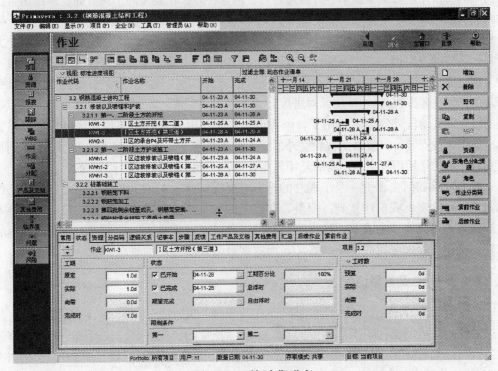

图 2-85　更新本期进度

3. 本期进度更新

在更新完成进度计划的实际情况后，需要进行本期进度更新，从而将作业的实际值应用到计划中去，以判断当前计划的实际执行情况与原来设定的目标项目是否存在差异。在进行本期进度更新后，通过监控原来设定的临界值来查看该更新周期内是否存在问题。

本期进度更新的操作是：点击菜单"工具"—"本期进度更新"，选择新的数据日期，单击"应用"。见图 2-85。

2.5 进度计划执行情况的考核

前面介绍了进度计划的编制与执行，但对于进度计划的执行情况应该如何去考核，国内还没有一致的意见。本章拟对进度计划执行情况进行分析，重点介绍赢得值管理（EVM）的概念及其应用，并介绍项目成本核算的方法。

2.5.1 如何评价计划的完成情况

对于如何评价施工过程中工程进度的完成情况，通常有多种方法：

1）费用完成情况。该方法考察预算的完成情况。一个工程，总投资是 2000 万元，如果已投资了 1000 万元，则进度计划完成了一半。显然，这种方法没有考虑投资效果和实际工程的进展情况，得出的结论是不正确的。

2）工程量完成情况，该方法考虑的是工程量的实际完成情况。如我们开挖一个基坑，总工程量是 2000m³，如果已经完成了 1000m³，则进度计划完成了 50%。这种方法一般为人们所常用，在工程量单一时是适合的。但这种方法在复杂的工程方面就暴露出自身的弱点。如本月完成了钢结构安装 150t，原计划 120t，但混凝土浇筑只完成了 200m³，原计划 250m³。我们就难以对此项目本月工程的完成情况进行评价。不能简单地把混凝土方量与钢结构的吨数相加，因为这样没有可比性。通常所说的工程形象进度，应该理解成一种工程量完成情况的简化，指主要工程量完成情况。在房屋建筑工程的开始阶段，常常是有效的，如主体工程一共 30 层，对进度计划的考核可以考察完成了多少层；但在工程后期的机电安装阶段就完全不适用了，因为该段工作是由多家分包单位完成的，如电梯安装、空调管线安装、内装修工程和室外幕墙工程几乎是平行开工，而这些工程有的是用长度丈量，有的是用面积丈量，有的是用质量计量，不能用一个量进行简单的计量。

那么应该如何去评价一个工程总的施工进度呢？或者对于不同的分包商完成的工作如何进行考察呢？我们注意到一个量，即施工的成本，是可以比较的量，无论用哪种方式计量，都可以换算为成本，这样我们就可以通过对预算成本、计划成本与实际成本的比较，得出工程进度完成情况的好坏，而这就是赢得值管理的概念。

2.5.2 什么是赢得值管理

赢得值管理（EVM）是一种综合了范围、时间和成本的项目绩效度量方法，它是通过对计划完成的工作、实际挣得的收益、实际花费的成本进行比较，以确定成本与进度是否与计划一致。这是国际上通行的考核进度的方法，在美国项目管理协会的 PM-BOK 中有专门的章节记述。那么为什么我们国家不采用赢得值管理方式对项目的绩效进行考核呢？这一方面是人们对于赢得值管理不熟悉，另一方面是现行的财务管理制度对工程成本的核算没有按照工程的分解结构（WBS）进行核算，造成核算与工程的脱节，从而难以对施工中的工程实际花费进行考核。

1. 赢得值管理基本概念

1）三个重要概念 PV、AC、EV

（1）应完成的工作量是多少（PV）？

PV 是计划完成的工作的预算成本（$BCWS$），即计划成本。如在本期内施工的内容是土方开挖，计划完成 200m³，每立方米预算单价是 15 元，则在该期的 PV 是 $200 \times 15 = 3000$ 元。

（2）已完成的工作成本是多少（AC）？

AC 是已完成的工作的实际成本（$ACWP$）。如在本期实际施工了 250m³，实际每立方米成本是 12.5 元，则本期实际施工的成本（AC）为 $250 \times 12.5 = 3125$ 元。

（3）挣值，即已完成了多大的工程量（EV）？已完成的工作量的预算成本（$ACWP$）即为挣值，也叫赢得值，反映的是实际完成的工作量应该获得的产值。如上述实际完成的土方，其赢得值为 $250 \times 15 = 3750$ 元。

2）成本偏差（CV）

$$CV = EV - AC$$

CV 是项目的挣值与实际成本之间的差异。对于上述实例，已完成的工作量的价值是 3750 元，而实际发生的成本是 3125 元。这样，已完成的工作比预计的少花了 600 元，这样的成本偏差正是我们所需要的。反之，如果取得的挣值小于已完成的成本，则工作是亏损的。

3）进度偏差（SV）

$$SV = EV - PV$$

SV 是项目的挣值与预算值之间的差异。对于上述实例，已完成的工作量的价值是 3750 元，而计划完成的预算值为 3000 元。这样，就比原计划多完成产值 750 元。也就是说，工作进度已经提前了。

注意在这里，无论是成本偏差还是进度偏差，都是用货币单位计量的，也就是说，我们把进度计划的完成情况与成本计划的完成情况，都用统一的单位来衡量了。

4）成本绩效指数（CPI）

$$CPI = EV/AC$$

CPI 是总挣值除以总成本。已完成的工作量价值是 3750 元，而为了完成该项工作付出的成本是 3125 元，这样成本绩效的比值为 1.2，即花了 1 元钱的成本获得的收益为 1.2 元（成本与绩效之比为 1.2）。

5）进度绩效指数（SPI）

$$SPI = EV/PV$$

SPI 是总挣值除以总预算。已完成的工作量的价值是 3750 元，而该阶段计划的计划成本是 3000 元，这样进度绩效的比值为 1.25，即计划完成 1 元的工作，实际完成了 1.25 元（进度绩效之比为 1.25）。

6）全部工作假定价值（总预算）（BAC）

也称为总预算，即完工的预算。这是作计划分析时的基准线。如该项目的预算是20000元。

7）剩余工作估算（ETC）

ETC是从现在开始，到项目完成还需要花费多少的成本。

$$ETC=BAC-AC$$

8）完工估算（EAC）　根据项目进展情况估计完工时项目的总成本是多少。

这一值与别的值不一样，因为各种情况的估计方法是不一样的：

方法一：假定项目未完工部分按照目前的效率进行，此时$EAC=BAC/CPI$。

方法二：假定项目未完成的部分将按照计划规定的效率进行，前面出现的偏差将不会再出现，此时$EAC=AC+(BAC-EV)$。

方法三：假定项目情况在未来仍会出现与已发生的类型相一致的情况，这种趋势会延续下去，此时$EAC=AC+(剩余PV)/CPI$。

方法四：假定以前出现的偏差并不典型，剩余工作需重新进行估算，进而与目前已完成的部分的实际成本相加，此时$EAC=AC+ETC$。

9）完工偏差（VAC）

$$VAC=BAC-EAC$$

VAC是全部工作的预算价值与完工估算的差。

如果完工偏差是正值，表示成本比预计的要少，则控制成本的工作是成功的。

10）绩效指数（TCPI）

$$TCPI=(BAC-EV)/(BAC-AC)$$

即用剩下的预算，需要干完剩余的工作，此时的绩效指数。

11）任务完成百分比（PC）

$$PC=EV/BAC$$

即已完成的工作占总工作量的百分比。这往往是项目管理人员需要向业主报告的数据。

12）成本消耗百分比（PS）

$$PS=AC/BAC$$

即已经消耗的成本占项目总预算的百分比。这常常是项目经理所关心的。

在P3e/c中，计算剩余工作估算的方法是引进了一个执行因子PF，专用于计算ETC，把（8）中的四种情况分别用不同的执行因子来考虑，如图2-86所示。

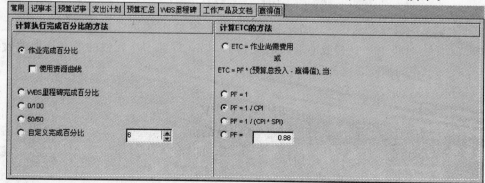

图2-86　执行完成百分比与ETC的计算

$ETC=PF\times$（预算总投入－赢得值）

其中　$PF=1$ 表示以预算总投入－赢得值来计算 ETC，会产生乐观的结果。

$PF=1/CPI$ 以 1 除以费用指数 CPI 来计算 ETC，会产生最可能的结果。

$PF=1/(CPI\times SPI)$ 以 1 除以费用指数与进度指数的乘积来计算 ETC，会产生悲观的结果。

$PF=$ 自定义值根据用户自定义的值来计算 ETC。

2. 进度偏差与成本偏差

综上所述，进度偏差与成本偏差对项目都将产生影响。

当 $CV>0$ 时，表示项目的成本控制在成本预算之内，如果此时的 $SV>0$，表示进度提前。如果此时的 $SV<0$，表示进度落后。

当 $CV<0$ 时，表示项目成本超支，如果此时的 $SV>0$，表示进度提前。如果此时的 $SV<0$，表示项目计划失去控制。

2.5.3　一个实际工程赢得值计算的案例分析

某项目，合同预算 3 亿元，预计工期一年，在工作到了 2005 年 5 月底时，成本数据见表 2-1。

某项目成本数据（单位：万元）　　　　　　　　　　　　　表 2-1

主要工作	竣工时间	预算费用	计划竣工比例	实际完工比例	实际花费	EV
基础开挖	2005.3	1200	100	100	1500	
基础回填	2005.4	1800	100	100	2000	
裙楼施工	2005.5	3000	100	90	3500	
主体结构	2005.8	9000	0	0		
室外幕墙	2005.10	7800	0	0		
室内装修与机电安装	2005.12	6000	0	0		
室外机电管线	2006.1	600	0	0		
室外照明及绿化	2006.2	600	0	0		

现在本项目经理报告描述如下：

"在合同工期完成 25% 时，财务情况良好，只花费了 7000 万元。进度方面，3、4 月份按时完成了工作，但 5 月份工作稍有滞后。在 5 月底，我们组织工人加班加点，使工作重新走上正轨。我相信我的团队将继续努力工作，在下一报告期进度可以大幅超前。"

报告提交以后，总公司对该项目经理的报告进行了赢得值管理的计算。首先，在报告提交的表格里增加了 EV 计算值一栏。按照上面的计算公式，分别计算了 CV、SV、CPI、SPI、EAC、ETC、VAC、PC、PS 及 $TCPI$ 值。

已知 $BAC=30000$ 万元，

$PV=1200+1800+3000=6000$ 万元，

$AC=7000$ 万元，

$EV=1200+1800+3000\times90\%=5700$ 万元。

由此，计算其他值：

$CV=EV-AC=5700-7000=-1300$ 万元

$SV=EV-PV=5700-6000=-300$ 万元

$CPI=EV/AV=5700/7000=0.81$

$SPI=EV/PV=5700/6000=0.95$

$EAC=BAC/CPI=30000/0.81=37037$ 万元

$ETC=EAC-AC=37037-7000=30037$ 万元

$VAC=BAC-EAC=30000-37037=-7037$ 万元

$PC=EV/BAC=5700/30000=19\%$

$PS=AC/BAC=7000/30000=23.33\%$

$TCPI=(BAC-EV)/(BAC-AC)=(30000-5700)/(30000-7000)=1.06$

通过上述分析，总公司得出了与项目经理截然不同的结论：该项目成本偏高，进度滞后，完工预算将超出总预算 7037 万元，实际已完成的工作只有总工程量的 19％，但实际成本却花了 23.33％。在以后的工作中，应该严格控制成本，今后每花费 1 万元，应该创造出 1.06 万元的产值。

从以上实例可以看出，赢得值管理对于工程管理是十分重要的。我们的管理者，必须保持清醒的头脑，才能管理好工程，否则将在工程结束时，才发现工程管理出现了大问题，而自己却又不清楚问题到底在什么地方。

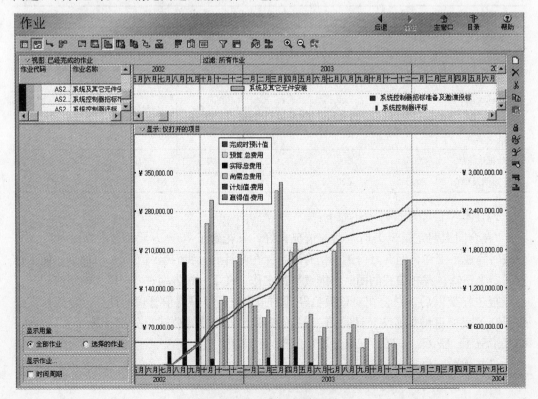

图 2-87　赢得值计算实例

　　上述方法在 P3e/c 中得到了完美的应用，P3e/c 中有专门的赢得值计算。图 2-87 为一个赢得值计算的实例。

　　在 P3e/c 中，资源数量赢得值分析是通过作业使用直方图来实现的。打开菜单"显示—显示于底部—作业使用直方图"，得出如图 2-88 所示的赢得值曲线。其中，如选择显示数量，则得出数量赢得值曲线；如选择费用，则得出费用赢得值曲线。

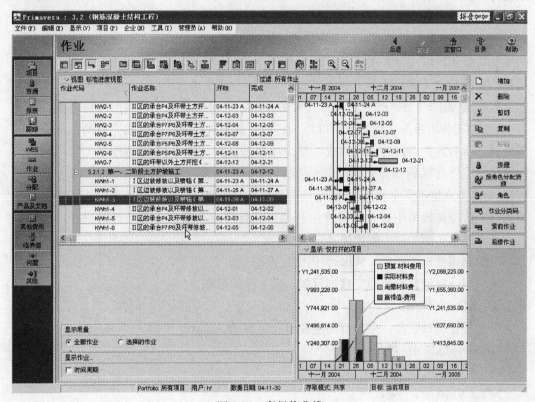

图 2-88　赢得值曲线

2.5.4　施工项目的成本核算

　　以前我们的预算体系，一般是计算工程直接费，然后按比例计算工程的间接费，再计算利润、税费等，合计求出工程的费用。现在推行工程量清单报价，就是简化了这一工作。工程量清单采用综合单价法，只需要工程量数据，就能通过工程量乘以单价求出工程造价，汇总单价即得出工程总价，而不需要进行其他繁琐的计算。采用工程量清单是我们做好成本核算的第一步工作。

　　我们需要做的第二步工作是按 WBS 设立工程成本明细分类账户，进行实时的会计核算。施工项目成本核算在项目管理中的重要性体现在两个方面：一方面它是施工项目进行成本预测、制定成本计划和成本考核所需信息的重要来源，又是施工项目进行成本分析和成本考核的基本依据。因此，施工项目的成本核算是施工项目成本管理中最重要的职能，离开了成本核算，就谈不上成本管理，也就谈不上其他职能的发挥。以前我们也做成本核算，但成本核算与 WBS 分解不挂钩，或者没有建立 WBS 分解体系，这样的成本核算就是事后式的成本核算，起不到提前发现问题、解决问题的作用。建立了 WBS，就是在成本核算方面建立起每一个 WBS 的进度、费用与投资分解挂钩，这样就能计算出工程进展到任意时刻的赢得值。这一工作是与现在通行的做法不一致的，一般国内的成本核算是以一个单项工程进行核算，而并不对工程进行 WBS 的分别核算，这样我们就不知道工程进展的每一时刻，工程量完成的具体部位，以及完成的好坏。

工作结构分解（WBS）是对项目范围的一种逐级分解的层次化结构编码。依据 PMBOK，分解指把主要可交付成果分成较小的，便于管理的组成部分，直到可交付成果定义明晰到足以支持各项项目活动（规划、实施、控制和收尾）的制定。工作分解结构指把安排与定义项目范围的各组成部分按可交付成果进行组合。

WBS 是面向可交付成果的项目元素的分组，它组织并定义了整个项目范围，未列入 WBS 的工作将排除在项目范围以外。它是项目团队在项目期间要完成的最终细目的等级树，所有这些细目的完成构成了整个项目的工作范围。WBS 体现了工程项目的管理层次与工作内容的划分，对于同一项目的不同的管理班子、不同的实施方式，其 WBS 编码方式也不完全相同。WBS 体现了项目经理如何从工程的角度管理工程的。如果项目工作分解做得不好，在实施中必然要进行修改，就会打乱项目的进程，造成返工、延误进度、增加费用的损失。

对缅甸柴油机厂项目，WBS 编码的层次划分如下：

第一层：项目名称，即完成项目包含的工作的总和。

如：MYANMAR

第二层：项目阶段，是项目的主要可交付成果，包含里程碑。

MYANMAR. 1　规划

MYANMAR. 2　设计

MYANMAR. 3　采购

MYANMAR. 4　设备制造

MYANMAR. 5　施工准备

MYANMAR. 6　建筑安装工程施工

MYANMAR. 7　培训与指导

MYANMAR. 8　工程验收

第三层：工程专业，是可交付的子成果。

MYANMAR. 1　规划

　　MYANMAR. 1. 1　可行性研究

　　MYANMAR. 1. 2　设计任务书

　　MYANMAR. 1. 3　立项报批

MYANMAR. 2　设计

　　MYANMAR. 2. 1　方案设计

　　MYANMAR. 2. 2　初步设计

MYANMAR. 2. 3　施工图设计

MYANMAR. 2. 4　竣工图纸

MYANMAR. 3　采购

MYANMAR. 3. 1　总包招标

MYANMAR. 3. 2　监理招标

MYANMAR. 3. 3　设备招标

MYANMAR. 4　设备制造

MYANMAR. 4. 1　非标设备设计

MYANMAR. 4. 2　设备制造

MYANMAR. 4. 3　设备运输

MYANMAR. 5　施工准备

按照 GB 50300 至单位工程

MYANMAR. 5. 1　机加工一车间

MYANMAR. 5. 2　机加工二车间

MYANMAR. 5. 3　铸造车间

MYANMAR. 5. 4　锻造车间

MYANMAR. 5. 5　热处理车间

MYANMAR. 5. 6　装配试验车间

MYANMAR. 5. 7　理化计量办公楼

MYANMAR. 5. 8　供水加压泵房

MYANMAR. 5. 9　空压站房

MYANMAR. 5. 10　污水处理站

MYANMAR. 5. 11　降压站

MYANMAR. 5. 12　综合仓库

MYANMAR. 5. 13　油化库

MYANMAR. 5. 14　食堂

MYANMAR. 5. 15　油水系统

MYANMAR. 5. 16　地磅房

MYANMAR. 5. 17　厂区公共工程

第四层：对于建安工程，应继续划分为分部工程。

MYANMAR. 5. 1. 1　土建交接验收

MYANMAR. 5. 1. 2　钢结构

MYANMAR. 5. 1. 3　给水排水

MYANMAR. 5. 1. 4　通风空调

MYANMAR. 5. 1. 5　照明

MYANMAR. 5. 1. 6　动力

MYANMAR. 5. 1. 7　配电

MYANMAR. 5. 1. 8　设备基础

MYANMAR. 5. 1. 9　机床加工设备

......

对于招投标、采购及工程分包，应按照工作内容进一步划分。

第五层：可划分至分项工程，是工作包，是满足 WBS 结构的最低层的信息，是项目的最小的控制单元。每个工作包都是控制点。

施工项目成本核算的基本框架是按 WBS 进行划分细目，再在 WBS 下按以下方案进行成本核算：

1. 人工费核算

1）内包人工费：指企业所属劳务分公司与项目经理部签订的劳务合同结算的全部工程款项，按月结算计入项目成本。

2）外包人工费：按项目部与单位施工队伍签订的包清工合同，以当月验收完成的实物工程量，计算出定额工日数乘以合同人工单价，确定人工费。并按月凭工程部"包清工工程款月度成本汇总表"预提计入项目成本。

2. 材料费核算

工程耗用的材料，根据限额领料单、退料单、报损报耗单、大堆材料耗用计算单等，由项目材料员编制"材料耗用汇总表"，据以计入项目成本。

3. 周转材料费核算

1）周转材料实行内部租赁制，以租费形式反映其消耗情况，按谁租赁谁负担的原则，核算其项目成本。

2）按周转材料租赁办法和租赁合同，由出租方与项目经理部按月结算租赁费。租赁费按租用的数量、时间和内部租赁单价计入项目成本。

3）周转材料在调入移出时，项目经理部都必须加强计量验收制度，如有短损，一概按原价赔偿，计入项目成本（缺损数＝进场数－退场数）。

4）租用周转材料的进退场运费，按实际发生数量，由调入单位负担。

5）对 U 形卡、脚手扣件等零件除执行项目租赁制外，考虑到比较容易散失的因素，故按规定实行定额预提摊耗，摊耗数计入项目成本，相应减少次月租赁基数及租赁费。单位工程竣工，必须进行盘点，盘点后的实物数与前期逐月按控制定额摊耗后的数量差，按实调整清算计入成本。

6）实行租赁制的周转材料，一般不再分配周转材料差价，退场后发生的修复整理费用，应由出租单位作出出租成本核算，不再向项目另行收费。

4. 结构件费核算

1）项目结构件的使用必须要有领用手续，并按照这些手续，按 WBS 编制"结构件耗用月报表"。

2）项目结构件的单价，以项目经理部与外加工单位签订的合同为准，计算耗用金额进入成本。

3）根据实际施工形象进度，已完工施工产值的统计与各类实际成本报耗三者在月度三同步原则，结构件耗用的品种和数量应与施工产值相对应，结构件数量金额账的结存数，应与项目成本员的账面余额一致。

4）结构件高进高出价差核算同材料费高进高出价差核算一致。结构件内三材数量、单价、金额均按报价书核定，或据竣工结算单的数量按实结算。报价内的节约或超支，由项目自负盈亏。

5）如发生结构件的一般价差，可计入当月项目成本。

6）部位分项分包，如铝合金门窗、卷帘门等，按照企业通常采用的类似结构件管理和核算的方法，项目经济员必须做好月度已完工程部分验收记录，正确计报部位分项分包产值，并书面通知项目经济员及时、准确、足额计入成本。分包合同价可包括制作费、安装费等有关费用，工程竣工后按部位分包合同结算书，据以按实调整成本。

7）在结构件外加工和部位分包施工过程中，项目经理部通过自身努力获取的经营利益或转嫁压价让利风险所产生的利益，均收益于施工项目。

5. 机械使用费核算

1）机械设备实行内部租赁制，以租赁费形式反映其消耗情况，按谁租赁谁负担的原则，核算其项目成本。

2）按机械设备租赁办法和租赁合同，由企业内部机械设备租赁市场与项目经理部按月结算租赁费。租赁费根据机械使用台班、停置台班和内部租赁单价，计入项目成本。

3）机械进出场费，按规定由承租项目负担。

4）项目经理部租赁的各类大中小型机械，其租赁费全额计入项目机械费成本。

5）根据内部机械设备租赁市场运行规则要求，结算原始凭证由项目指定专人签证开班和停班数，据以结算费用。现场机、电、修等操作人员奖金由项目考核支付，计入项目成本并分配到相应的 WBS。

6）向外单位租赁机械，按当月租赁费用金额计入项目机械费成本。

6. 其他直接费核算

项目施工生产过程实际发生的其他直接费，凡能分清受益对象的，应实际计入受益成本核算的单位工程施工——"其他直接费"，如与若干个成本核算对象有关的，可先归类到项目经理部的"其他直接费"账科目，再按规定的方法分配计入有关 WBS 的工程施工——"其他直接费"成本项目内。

1）施工过程中的二次搬运费，按项目经理部向运输公司支付的汽车运费计算。

2）临时设施摊销费按项目经理部搭建的临时设施总价（包括活动房）除以项目合同工期求出每月应摊销额，临时设施使用一个月摊销一个月，摊完为止。项目竣工搭拆差额，按实调整实际成本。

3）生产工具用具使用费。大型机动工具、用具等可以套用类似内部机械租赁方法以租费形式计入成本，也可以按购置费用一次摊销法计入项目成本。工用具修理费按实际发生数计入成本。

7. 施工间接费核算

企业的管理费用、财务费用作为期间费用，不构成项目成本，企业与项目在费用上分别核算。项目发生的施工间接费必须是自己可控的，有办法知道将发生什么耗费，有办法计量它的耗费，有办法控制并调节它的耗费。使项目施工成本处于受控状态。

1) 要求以项目经理部为单位编制工资单和奖金单列支工作人员薪金。项目经理部工资总额每月必须正确核算，以此计提职工福利费、工会经费、教育经费、劳保统筹费等。

2) 劳务分公司所提供的炊事人员代办食堂，承包、服务、警卫人员提供区域岗点承包服务以及其他代办服务费用计入施工间接费。

3) 施工间接费，先在项目"施工间接费"总账归集，再按一定的分配标准计入受益成本核算对象（WBS）"工程施工—间接成本"。

8. 分包工程成本核算

项目经理部将所管辖的个别单位工程以分包形式发给外单位承包，其核算要求包括：

1) 包清工工程，纳入人工费—外包人工费内核算。

2) 部位分项分包工程，纳入结构件费内核算。

3) 双包工程，指以包工包料形式分包给外单位施工的工程。可根据承包合同取费情况和发包合同支付情况，即上下合同差，测定目标盈利率。月度结算时，按双包合同已完工程价款作收入，应付双包单位工程款作支出，适当负担施工间接费预结降低额。为稳妥起见，拟控制在目标盈利率的 50% 以内，也可月结成本时作收支持平，竣工结算时，再按实结算成本，反映利润。

4) 机械作业分包工程。指利用分包单位专业化施工优势，将打桩、吊装、大型土方、深基础等施工项目分包给专业单位施工。对机械分包产值统计的范围是，只统计分包费用，而不包括物耗价值。机械作业分包实际成本包括分包结账单内除工期奖之外的全部工程费用。

5) 上述双包工程和机械作业分包工程由于收入与支出较易辨认，所以项目经理部也可以对该两类分包工程，采用竣工点交办法，即月度不结盈亏。

6) 项目经理部应增设"分建成本"成本项目，核算反映双包工程、机械作业分包工程成本状况。

7) 各类分包形式（特别是双包），对分包单位领用、租用、借用本企业物资、工具、设备、人工等费用，必须根据项目经理部管理人员开具的，且经分包单位专人签字认可的专用结算单据，如"分包单位领用物资结算单"及"分包单位租用工器具设备结算单"等结算依据入账，抵作已付分包工程款。

上述方法不仅仅适用于 P3e/c 软件，也同样适用于 PROJECT 软件、梦龙软件。应该说，在此提出的不只是一种如何对计划进度执行情况考核的方法，而是一套完整的项目管理的解决方案。

2.6　项目执行情况的分析

上一节具体分析了如何对进度计划的执行情况进行考核，介绍了赢得值计算的原理和方法，并对项目成本核算的方法进行了研讨。本节将重点介绍在 P3e/c 里如何进行项目执行情况的分析，通过对当前项目的进度、资源使用、费用支出与原目标项目进行对比，来判断项目目前执行情况的好坏，以期在发现问题的同时能及时分析解决问题。

在 P3e/c 中，使用 PM、PV 与 PA 均可以对企业内所有项目的进度情况进行分析，可以满足不同层次管理人员的需要。本节主要介绍如何用 PM 来分析项目执行情况，而对于 PV、PA，将在以后的章节里作专门介绍。

2.6.1　临界值的监控

1. 本期进度更新后，进度计算前的临界值监控

打开具体的项目后，在菜单"项目—临界值"，选中需要监控的临界值，单击监控，则会监控项目中设置的所有临界值，如图 2-89 所示。如果项目中的 WBS 或作业中的最新情况不能满足临界值的范围，则会自动生成问题，如图 2-90 所示。

注意本期更新后产生的问题仅由本次更新过的作业产生，即使作业间存在逻辑关系，也不会影响到本次未更新的作业。

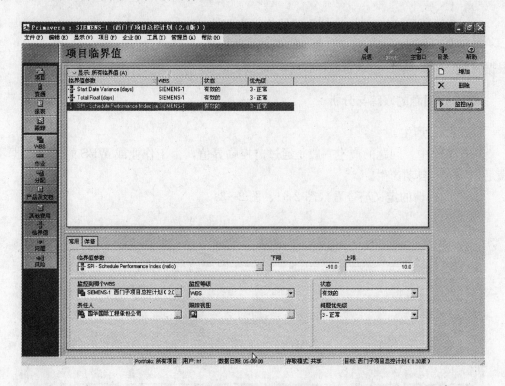

图 2-89　监控项目临界值

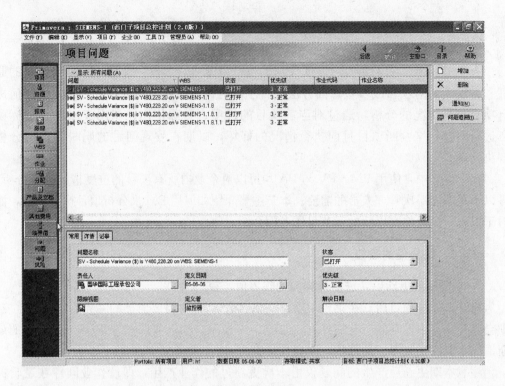

图 2-90 项目问题

2. 本期进度更新后，进度计算后的临界值监控

在进行进度计算后，刚刚更新的作业实际值不仅会影响到本次更新过的作业，也会根据网络逻辑关系依次影响到后面的作业。

2.6.2 问题的跟踪与分析

1. 问题的产生

在 P3e/c 中，问题的产生一般是通过监控临界值，由于作业或 WBS 的相关数据不满足临界值而自动产生。

2. 问题详情的定义与查看（图 2-91、图 2-92）

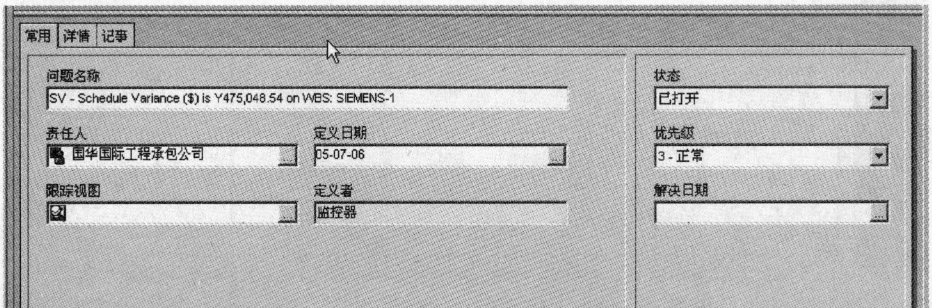

图 2-91 问题常用页面

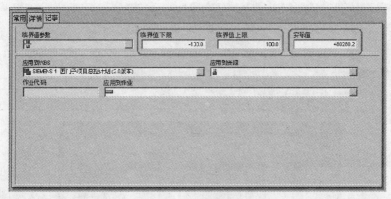

图 2-92　问题详情页面

点击"问题追溯",可以增加自己对该问题的看法、意见或解决方案,如图 2-93 所示。

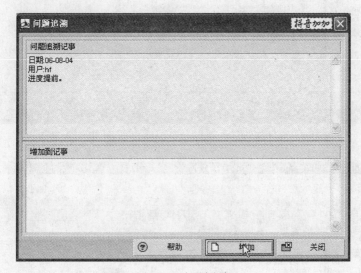

图 2-93　问题追溯

3. 问题的相关信息的传递

在问题窗口,选定某一问题,单击右边命令栏的"通知"选项,则可将有关该问题的所有信息,通过邮件发给各相关人员,如图 2-94 所示。

2.6.3　当前计划与目标计划的对比

1. 作业层次的对比(图 2-95)

2. WBS 层次的对比(图 2-96)

2.6.4　资源使用情况分析

1. 使用资源直方图查看与分析(图 2-97、图 2-98)

2. 使用资源剖析表查看与分析(图 2-99)

3. 使用作业使用直方图查看与分析(图 2-100)

图 2-94　问题相关信息的传递

图 2-95　作业层次的对比

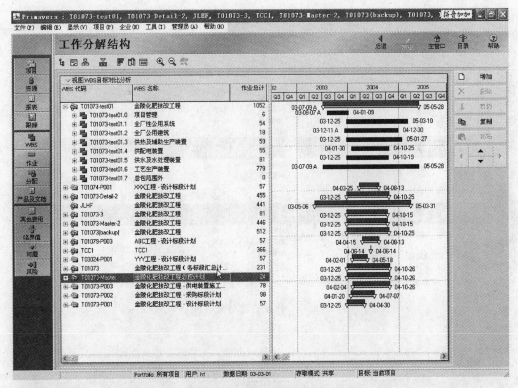

图 2-96　WBS 层次的对比

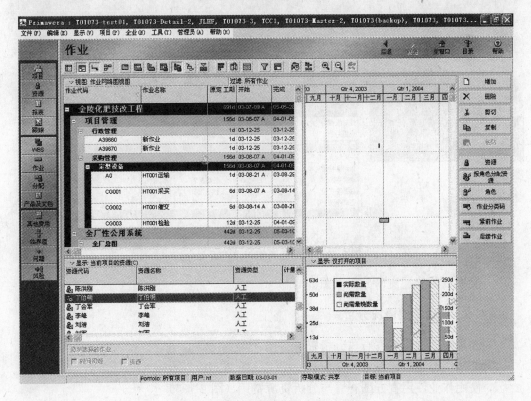

图 2-97　使用资源直方图查看与分析

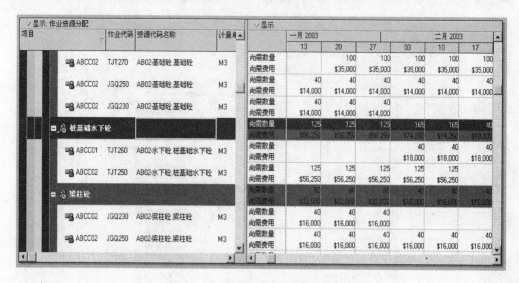

图 2-98　作业资源分配页面

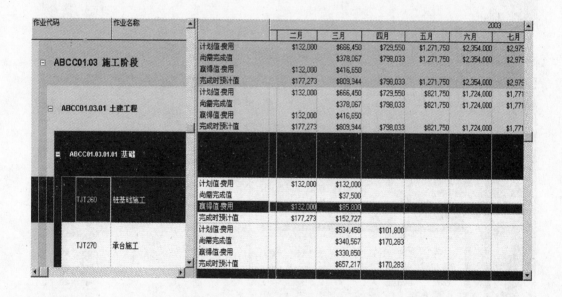

图 2-99　使用资源剖析表查看与分析

4. 使用资源分配窗口分析（图 2-101）

2.6.5　费用完成情况分析

1. 使用资源直方图查看与分析资源费用（图 2-102）
2. 使用资源剖析表查看与分析资源费用（图 2-103）
3. 使用作业使用直方图查看与分析资源费用（图 2-104）
4. 使用作业使用剖析表查看与分析（图 2-105）

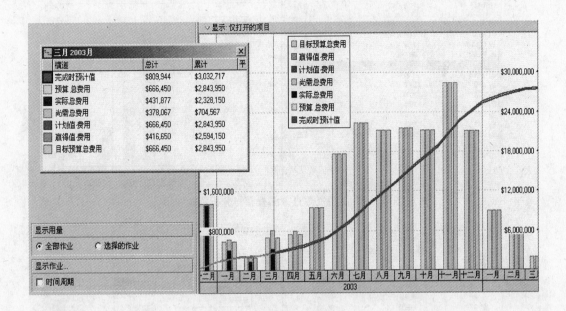

图 2-100　使用直方图查看与分析

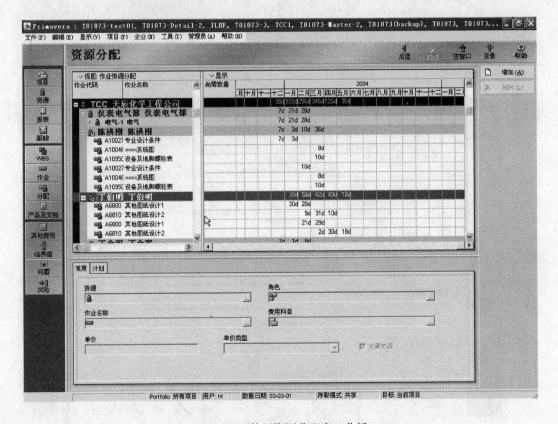

图 2-101　使用资源分配窗口分析

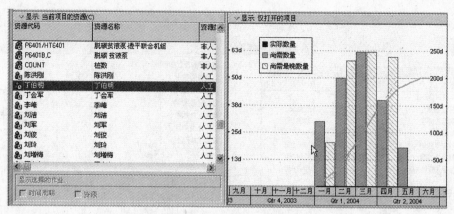

图 2-102 使用资源直方图查看与分析资源费用

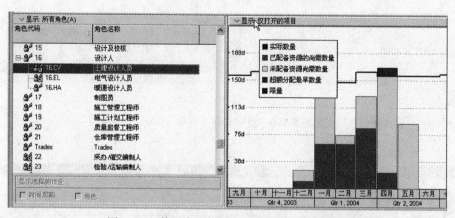

图 2-103 使用资源剖析表查看与分析资源费用

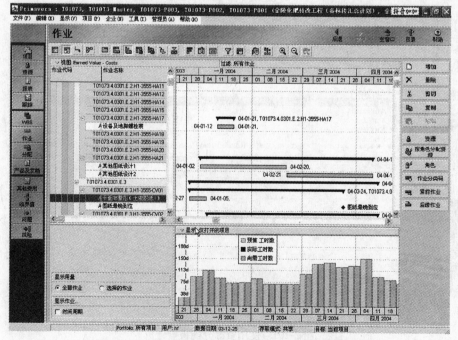

图 2-104 使用作业使用直方图查看与分析资源费用

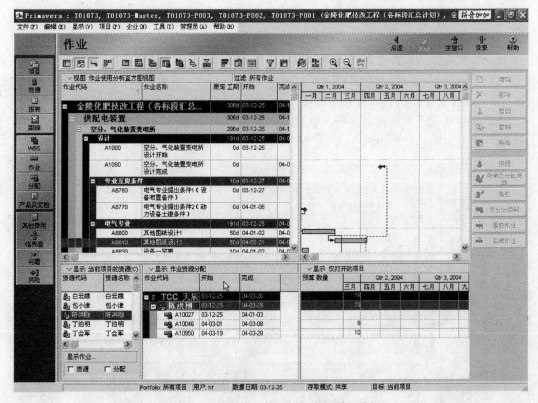

图 2-105　使用作业使用剖析表查看与分析

2.7　视图、过滤器与报表

前面的章节已经对 P3e/c 的计划编制与运行作了详细的介绍，这一节将介绍 P3e/c 的视图、过滤器与报表。视图与过滤器是 P3e/c 的特有的工具，主要用于在计划的编制与执行过程中，迅速把握计划的核心实质，方便地运用 P3e/c 的各项功能。而报表是用于与外界交流的工具，能够把工程的实际情况介绍给有关方。

2.7.1　视图

所谓视图，是 P3e/c 里面显示的一种界面，用于表示项目的进度、费用或资源等情况的图形，它与具体的项目无关，只反映了项目数据的组织方式、过滤器、栏位、横道等信息。任何人在使用 P3e/c 时总需要使用一种视图，无论是系统默认的视图还是自己建立的视图。视图无非是将数据窗口中的数据以某种分组方式、排序方式、显示栏位等来完成查询与分析的目的。

1. 视图制作的步骤

1) 选择数据窗口：选择要分析的数据所在的数据窗口，包括作业窗口、跟踪窗口、WBS 窗口、项目窗口。这里要纠正《P3e/c 参考手册》的一处错误，即书上说 P3e/c 只有作业窗口与跟踪窗口的视图才能保存，这是对 P3e/c3.5 版而言的，以后的版本如 P3e/c4.1、P3e/c5.0 版的 WBS 窗口、项目窗口的视图均可以保存。

2）选择分组方式：以最合适的数据分组方式来查询与分析相关数据。

3）选择过滤器：将满足过滤器的条件的内容筛选出来进行集中的分析与展示。

4）选择显示的栏位：选择需要分析与显示的数据栏位。

5）确定视图类型或组合方式：可以将表格、横道图、网络图、资源/作业使用直方图、资源或作业使用剖析表等一个或多个组合在一个视图中显示。

6）确定横道、网络图、剖析表、直方图的格式与设置。

7）确定时间标尺的设置。

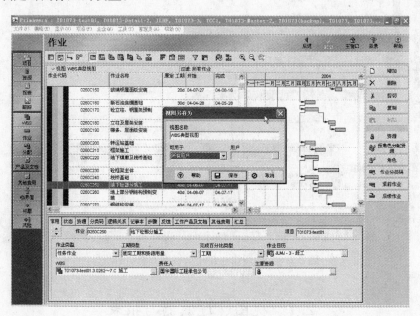

图 2-106　保存视图

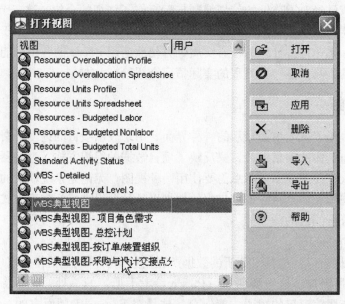

图 2-107　导出视图

2. 视图保存的方法

在数据窗口中完成视图的各项设置的修改后，选择"视图-保存或另存为"，其中"保存"会覆盖当前的视图；而"另存为"则需要为视图起一个名字。如图 2-106 所示，是保存视图的情况。

该视图可以保存起来，也可以把该视图文件保存起来，用于别的项目。方法是在菜单"显示-视图-打开"后，进入视图打开窗口后，单击"导出"，如图 2-107 所示，就可以把所选择的视图文件"＊.PLF"格式导出到硬盘上了。需要的时候，还可以把视图文件调入应用。

3. 常用的视图举例

1）现行计划与目标计划对比视图（图 2-108）。

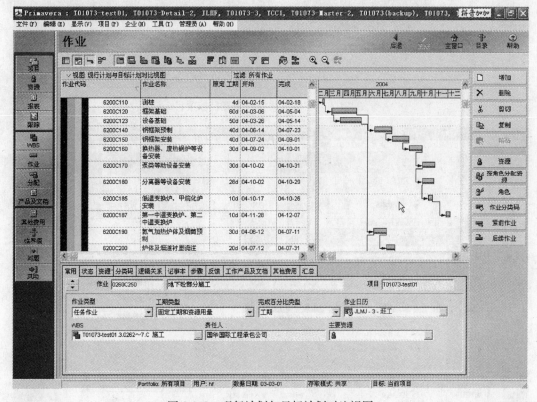

图 2-108　现行计划与目标计划对比视图

在图 2-108 所示的视图中，重要的是在横道选项中选择目标项目，如图 2-109所示。

2）资源分析视图（图 2-110）。

这是在作业视图中选择资源直方图得出的。

图 2-111 是在作业窗口选择资源剖析表得出的。

3）作业使用直方图视图（图 2-112）。

在这里，可以选择全部作业，也可以选择一个作业。

4）作业网络图视图（图 2-113）。

注意这里显示的是网络图的逻辑关系。

图 2-109　在横道选项中选择目标项目

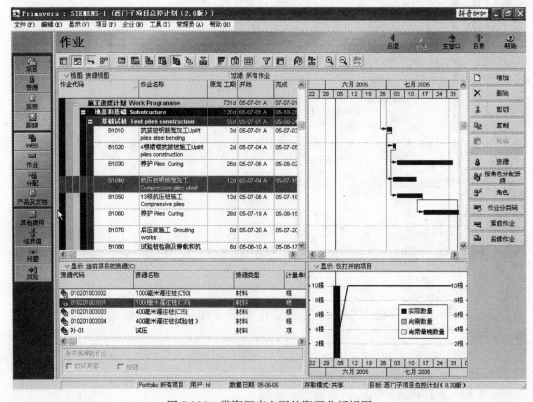

图 2-110　带资源直方图的资源分析视图

5）跟踪视图：项目预算分析（图 2-114）。

6）WBS 窗口视图目标对比分析（图 2-115）。

7）跟踪视图：赢得值分析（图 2-116）。

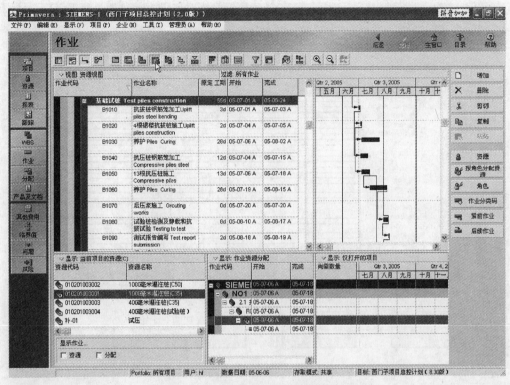

图 2-111　带资源剖析表的资源分析视图

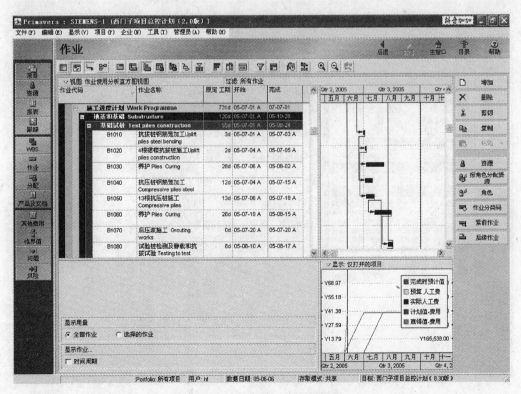

图 2-112　作业使用直方图视图

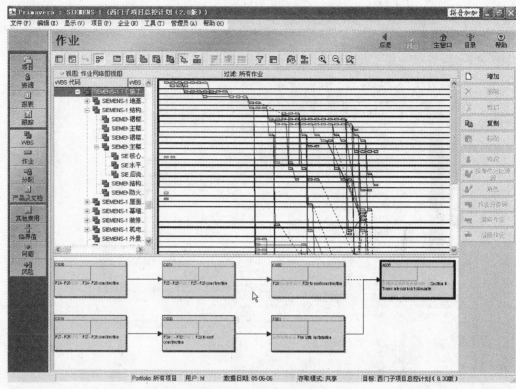

图 2-113 作业网络图视图

图 2-114 跟踪视图：项目预算分析

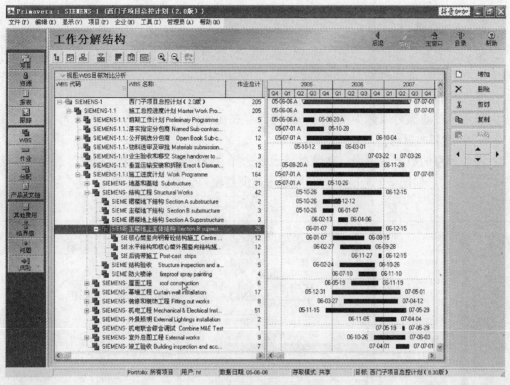

图 2-115　WBS 窗口视图

图 2-116　跟踪视图：赢得值分析

2.7.2 过滤器

所谓过滤器，是指设置相应的筛选条件，对数据窗口的数据进行筛选，使得项目计划人员能关注到那些符合特定条件的作业。如关键作业、里程碑作业、正在进行的作业、下一月将进行的作业等。

使用的过滤器可以作为视图的一部分保存在视图中。

1. 创建新的过滤器

进入相应的数据窗口后，在菜单显示中选择"过滤器"或单击"视图"选项栏，选择"过滤器"，如图 2-117 所示，即可进入过滤器窗口。

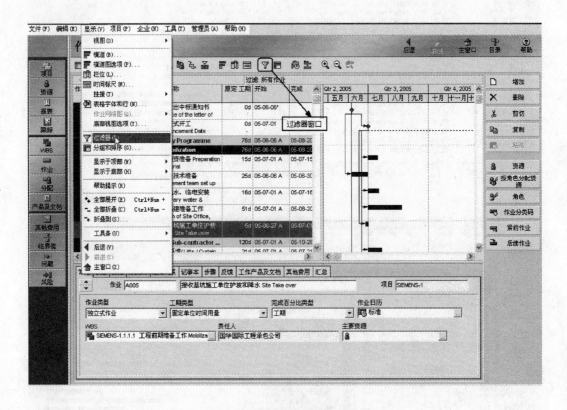

图 2-117 选择过滤器窗口的方式

在图 2-118 所示的过滤器窗口再点击"新建"，即可增加新的过滤器。

2. 过滤器的过滤条件的定义

进入过滤器窗口后，可以进行过滤条件的设置，见图 2-119。

该过滤条件即为下一周作业清单的过滤条件。

过滤条件设置时注意：

1）可选择满足下面任一条件与满足下面所有条件。

2）参数很多，可根据需要选择，如图 2-120 所示。

3）运算符有几种，根据自己的需要进行选择，如图 2-121 所示。

4）值与最高值根据需要进行选择，还可以直接输入，如图 2-122 所示。

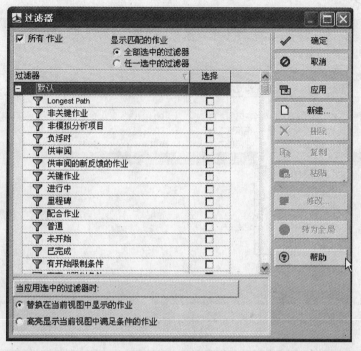

图 2-118　过滤器窗口

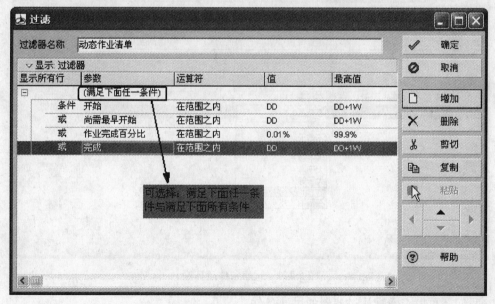

图 2-119　过滤条件设置窗口

3. 过滤器的类别

过滤器有两种类型，即系统默认的和用户自定义的。默认的过滤器是不能修改与删除的，而用户自定义的过滤器分为全局和用户定义两种，其中全局的可适用于所有的用户，后者只能由创建者使用。

用户定义的过滤器可以通过复制、粘贴为一个新的过滤器的方式产生。通过这种方

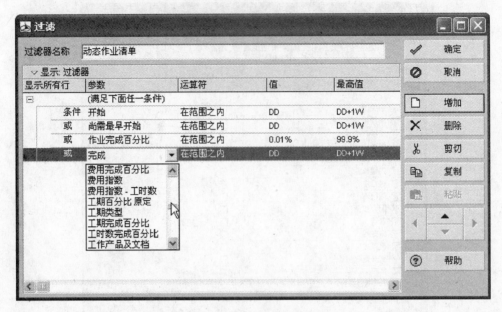

图 2-120 过滤条件参数

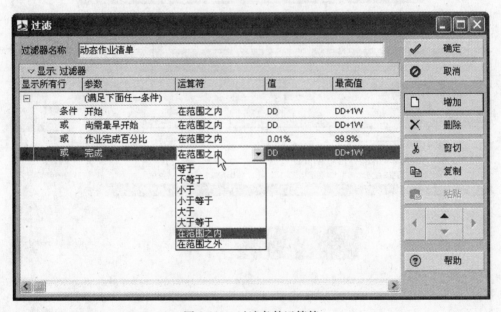

图 2-121 过滤条件运算符

式，我们还可以查看默认过滤器的过滤条件。

4. 过滤器的应用

对于不能修改过滤器的数据窗口，只能选用软件提供的过滤条件之一来使用，如资源窗口只能使用软件自带的过滤条件，如图 2-123 所示。

而对于那些能修改过滤器的数据窗口，如项目、作业等窗口，可以选择一个或多个过滤器作为整个数据窗口的过滤条件，见图 2-124。

5. 常用过滤器举例

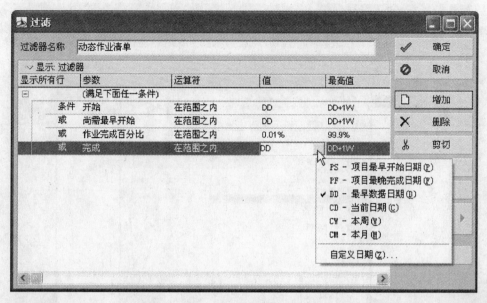

图 2-122　过滤条件的值

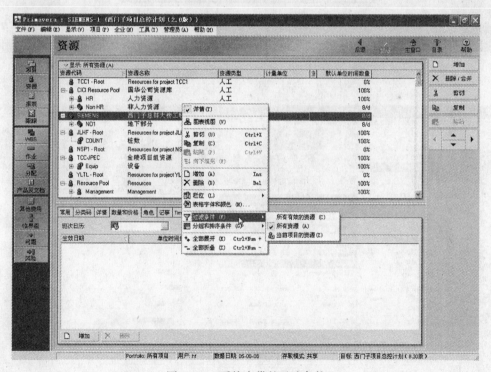

图 2-123　系统自带的过滤条件

我们常用的过滤器有：本次更新过的作业、一二级计划、质量控制点作业、安全控制点作业、质量验收、设备交接点、图纸交接点、下一周期作业清单、下月计划清单等。

2.7.3　数据栏位

在 P3e/c 中，可以自由选择视图中需要选择的栏位，如图 2-125 所示。

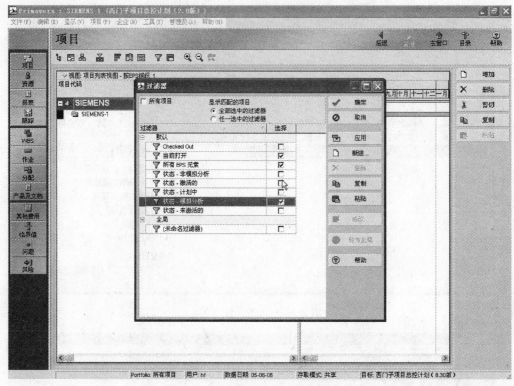

图 2-124　多个过滤器的过滤条件

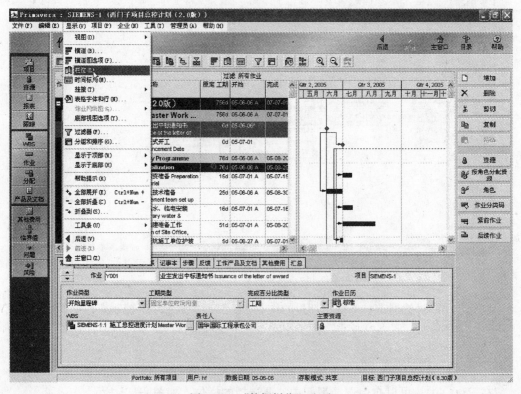

图 2-125　"数据栏位"选项

如图 2-126 所示，即为打开"栏位"后，选择数据栏位。

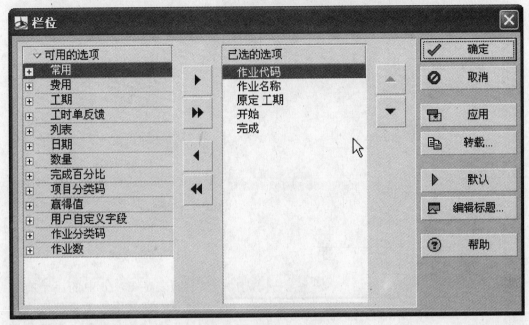

图 2-126　数据栏位页面

可以修改显示栏位的名称、宽度及排列方式。

2.7.4　横道

在数据窗口中，可以通过对横道的设置来决定横道图中显示的横道类型、格式、标签等信息，如图 2-127 所示。

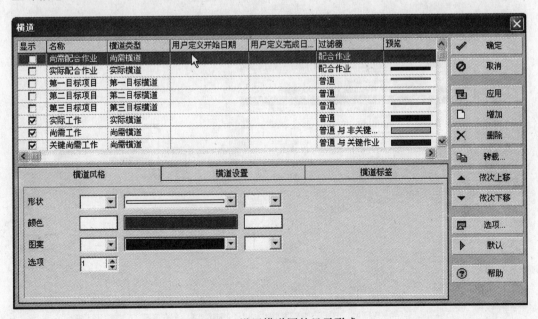

图 2-127　设置横道图的显示形式

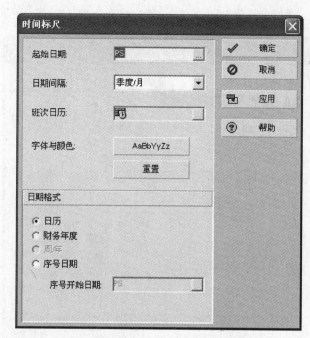

图 2-128 设置时间标尺的显示形式

注意：显示中打勾的项目才能在视图中显示出来，如需要显示目标横道与当前项目的对比，必须把目标横道打上勾。

2.7.5 时间标尺

在数据窗口中，可以通过对时间标尺的设置来对显示的时间进行设置，如图 2-128 所示。

还可以通过点击放大缩小图标来修改时间标尺，如图 2-129 所示。

2.7.6 报表

报表是 P3e/c 中的一个有用的工具，它是用于项目管理人员对外发布进度、费用、资源使用情况的一种工具。与 PROJECT 相比，P3e/c 中的报表要丰富得多，同时，它还提供了报表向导工具来自定义报表，如图 2-130 及图 2-131 所示。

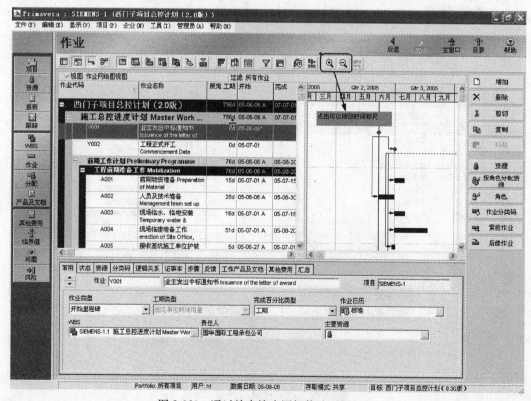

图 2-129 通过放大缩小图标修改时间标尺

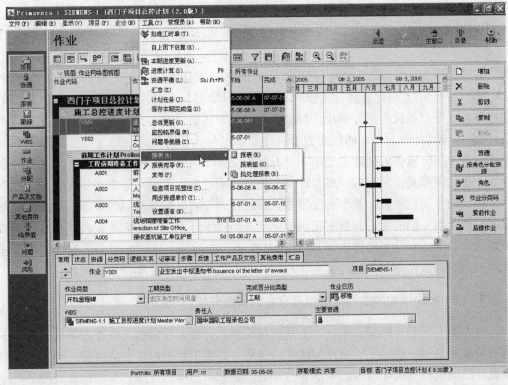

图 2-130　打开"报表"

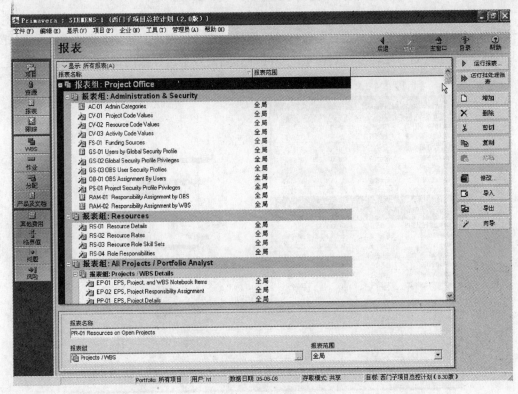

图 2-131　报表页面

2.8　多级计划与多层计划

在大型工程项目的管理中，进度计划的编制一般是采用编制不同内容的多级计划 (multilevel plan)。然而在实际工作中对于多级计划如何跟踪、如何交换数据以及如何对比分析，一直是没有很好解决的问题。本节在对多级计划的分析基础上，试图采用多层计划 (multilayer plan) 的模式去解决计划编制与执行的跟踪问题。当然，这一方案是建立在 P3e/c 软件的基础之上的，没有使用 P3e/c 这一先进的工具而要解决多级计划存在矛盾的问题是很困难的。多层计划是编制一个计划，而这一计划对不同级别的使用者来说反映不同的重点，对于高层领导，多层计划是看见较高级别的问题，从宏观的角度看是否存在工期的滞后、费用超出的问题，而对于计划工程师来说，看见的是比较微观的问题，即工程计划的哪些 WBS 和哪些作业存在问题，应该如何去调整计划。这样就可以解决高级计划与低层的实施计划相互脱节的问题，更好地指导工程的施工。

2.8.1　多级计划的编制原则以及存在的问题分析

在大型工程项目的实施中，为了管理与控制的方便，项目参与各方在项目的各个不同阶段需要编制、跟踪不同内容与深度的计划。如在工程的前期准备阶段，业主依据初步设计图纸编制一级计划和二级指导性计划。而随着工程的开展，各承包商及设备供应商就可以根据自己的承包内容、施工图纸编制三级、四级计划。

一级计划一般称为里程碑计划，一般反映的是重要的形象进度控制点，通常由业主编制。一级计划将会随标书发给各投标单位作为进度计划安排必须满足的条件。二级计划分为指导性计划与控制性计划，其中指导性计划由业主工程部门编制，其编制依据是

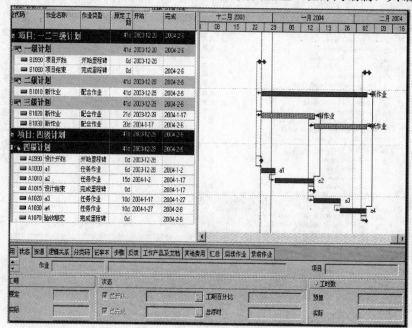

图 2-132　一个项目的多级计划

里程碑计划及项目的投资与单位工程的轻重缓急，而控制性计划是由各承包商根据指导性计划编制初步三级计划并上报审批，由业主工程部门汇总、平衡形成的总进度计划，该计划经过业主审批后作为控制性目标计划。一般做法是将二级控制性计划导出为 XER 格式的文件，发放给各施工单位。三级进度计划是由承包商根据二级控制性计划编制，反映承包商对所承包的项目内容的总体安排。而四级计划则是三级计划的作业实施计划，是对三级计划的进一步分解，是现场进度协调的依据。图 2-132 是一个具有四个级别的项目的实例图。

从计划的编制角度，多级计划存在的必要性与合理性是不容质疑的。因为它比较科学地反映了工程施工由粗到细逐步深化的过程。近十多年来，一般也确实是这样编制计划的。但这一计划体系也存在着很大的执行困难的问题。我们时常可以看见，在国内很多的工程上，都有很漂亮的施工计划，有的是用 PROJCET 编的，有的是用梦龙编制的，有的甚至是 P3 编的，很多是漂亮的双代号网络图。但与实际施工过程相差很远。这是为什么呢？很多人都看见了计划与实际施工存在的巨大差异，往往汇报的是一种计划，而实际指导施工的又是另一种计划，计划脱离实际，变成了"挂在墙上、停在纸上"的摆设。有的人还称其为"计划赶不上变化"。为什么在国外行之有效的计划管理就不能在国内很好地执行？难道这也是中国国情吗？回答当然是否定的。

工程实行计划管理，是项目管理的必然要求，这是不分国界的，不实行计划管理就不会有按时完工，就不会有施工单位的效益，更不会有业主的经济效益。因此，越是大型工程，越是与国际接轨的工程，就一定要强调计划的作用。我们不仅要编制一个好的施工计划，而且要充分发挥计划在施工中的预见性，在技术、方法、手段方面做到提前运筹帷幄，不至于顾此失彼，用较少的投入换取较大的产出，更好地完成施工任务。

一般来说在编制多级计划的高级计划时没有建立 WBS，所以当建立 WBS 后很难将某些高级计划的作业放到合适的 WBS（高级计划作业可能跨越多个 WBS），因此，这是一种落后的计划编制方法。高级计划都是配合作业（一级计划一般是里程碑作业）。只能从低级计划汇总时间，而不能汇总资源和费用。每次更新低级计划时如果有脱序作业，则必须手工调整三级计划、二级计划、一级计划的逻辑关系，否则无法正确反映时间的变化。无法在高级计划上自动准确反映进度百分比，因而在实际应用中高级计划往往不更新或者很长时间才更新一次，因此高级领导层无法及时了解项目的实际进展和问题（图 2-133）。多级计划无法根据不同的 WBS 的特点使用相应的赢得值技术。

解决多级计划存在的问题的一种思路即引入多层计划，彻底改变多级计划容易产生上下矛盾的问题，脱离实际的问题以及赢得值计算的问题。

2.8.2　什么是多层计划

多层计划是美国 PRIMAVERA 公司新推出的概念，英文是 multilayer plan。美国 PRIMAVERA 公司在 P3e/c 中倡导的是一种比多级计划更加先进的多层计划模式，在 EPS、项目、WBS、作业、步骤上形成从粗到细的、按照项目渐进明细特征的层层细化的计划，计划的层次远远超过传统意义上的多级计划。

多层计划与多级计划比较，首先，它是一个多层次的计划。在 EPS、项目、WBS、作业和步骤，存在着不同的计划级别。例如对于一个大型工民建项目，首先可以分为业

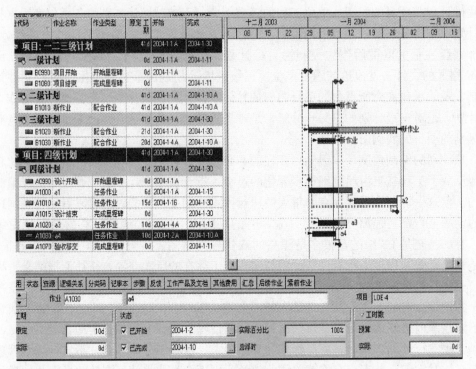

图 2-133　多级计划存在的问题

主、监理单位、总包单位、设计单位、分包单位、主要设备供应商等不同的应用单位，分别设为不同的 EPS 级别（图 2-134）；而其中的任一项目，又可以按施工部位和施工阶段分为不同的 WBS（图 2-135）；对于每一个 WBS，又可以分解为不同的作业及作业步骤（图 2-136）。对于每一次分解，都可以做出费用分解计划。在作业层次上使用作业完成百分比，在 WBS 和 EPS 层次上使用预算完成百分比，这样就可以在各个 WBS 上灵活地应用赢得值技术对一个或者多个项目进行绩效考核、进行工作变更的管理以及项目发展趋势的准确预测。

多层计划的编制是在里程碑计划完成之后，由各个应用单位编制自己的基于里程碑计划的独立计划，由业主项目控制部汇总后形成。它是自上而下编制的计划。业主自己对投资进行分解，对于计划进度提出要求，而后由各参建单位分别编制计划，由业主负责协调。各参建单位分别根据自己的实际情况和业主的建设要求分别编制，自上而下逐步细化。

第二，可以根据使用者的不同层次，对于施工计划进行具体分析。对于业主单位的领导，一般主要关心的是工程的总体进展情况、投资完成情况，就可以通过 PV 给领导展示工程的状况，如图 2-137 所示。对于项目经理和计划控制工程师，需要了解更进一步的信息，就可以查看 PM 模块，以及通过 PA 进行分析。而对于项目的执行人来说，则是通过 PR 模块，提供需要的数据与信息。使用多层计划可以保证在 PM 和 PV 中看到的结果完全一致。

第三，可以根据用户要求，通过过滤器筛选，提交出符合需要的计划：如月度计划、季度计划以及年度计划。需要特别指出的，是这些计划并不是专门制作的，而仅仅

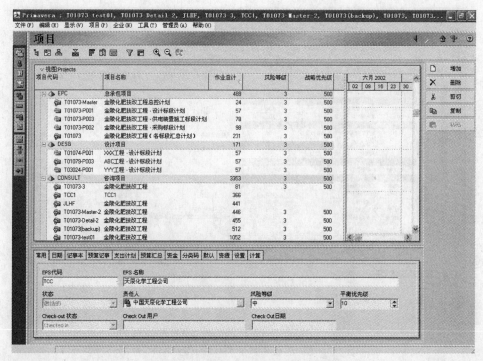

图 2-134　某大型民建项目的多层计划

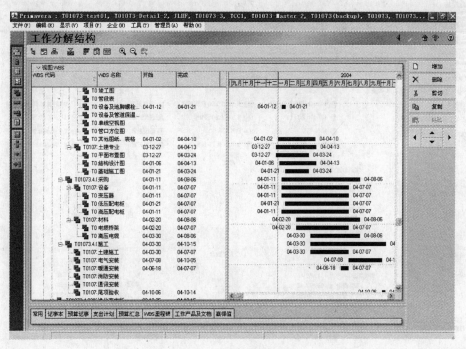

图 2-135　某一项目的 WBS

通过过滤器过滤出来，具有高度的统一性与完全的一致性。这样的好处是计划编制更加容易，便于进度更新，各个管理层次可以在任何层次上查看符合自己管理需求的项目计划和项目执行情况。

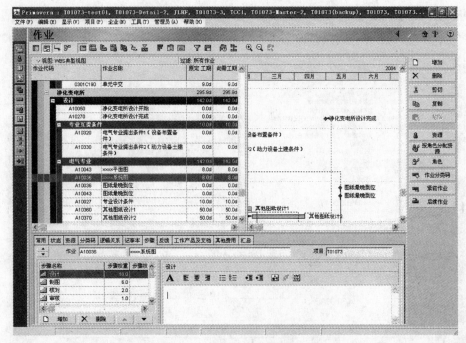

图 2-136　某个 WBS 的作业

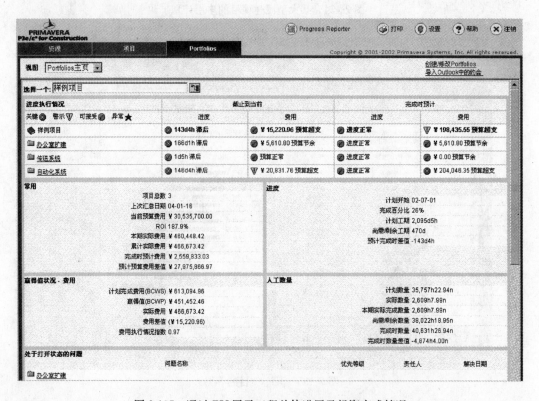

图 2-137　通过 PV 展示工程总体进展及投资完成情况

建立多层计划的关键问题：既要解决各层计划之间条件满足情况的快速核对，又要解决多层计划在进展更新、计划修订时的联动，以提高计划的适时性、进展更新的准确性。

2.8.3　以多层计划取代多级计划是进度计划编制的革命

从多级计划发展到多层计划，是进度计划编制的一场革命性的变革，不仅是编制计划的方法发生了改变，更重要的是计划的使用发生了深刻的变化。

在多级计划情况下，常常是计划的编制与计划的执行脱节。因为领导关心的高级计划是得不到及时调整的计划，当现场施工情况发生了很大的变化时，领导并不知道，需要到开进度协调会议时问题才会暴露出来，而一旦必须对进度作出调整时，往往也找不到应该承担责任的人。多层计划则完全不同。领导只要打开 PV，就能够对工程存在的工期延误和费用超支一目了然，并且可以根据 OBS 随时追究责任。在有的项目管理单位，现场的管理是与计划脱节的，常常可以看见用 WORD 和 EXCEL 编制的短期施工计划，而往往与墙上的双代号网络图毫不相干，没有对施工计划执行情况的及时反馈。这样的计划又怎么会发挥应有的指导作用呢？我们从编制多层计划开始，就彻底改变了为"好看"而编制计划，换为以"好用"而编制计划的思路。

在多层计划情况下，无论你处于哪一个级别，看见的计划都是完全一致的。通过不断的信息反馈，我们可以发现原来的计划哪一方面存在问题，哪一点的施工进度没有达到要求。这样，就可以对企业的赢得值进行分析。在多层计划下，进度计划的更新必然导致计划的完全更新，这就克服了多级计划中对低级计划的更新没有反映到高级（一级、二级）计划的更新的问题。在多层计划下，不需要编制各个阶段的施工计划，只有一个统一的计划。无论是设计计划、采购计划还是施工计划，都完美地统一于这一计划里面。我们需要的只是设置设计的交图计划点与采购计划订单的接口、采购计划交货时间与施工计划的接口。这样，无论领导提出什么样的要求，比如需要看本月的计划、本季的计划还是本年度的计划，我们都能随时提供。

多层计划是由参与各方共同编制完成的，各个利益不同的参与方，分别编制自己的计划，而业主（或业主的项目管理单位）对该计划进行平衡。这里有一个团结协作的机制。工程项目的建设不是由哪一家完成的，必须由业主、设计、监理、施工总包、分包商、设备材料供应商同心协力完成。多层计划也是如此，一个好的多层计划也必然要由这些单位共同合作才能作出。多层计划是一个责任明确的计划，它可以大大减少各参建单位的矛盾，减少因为职责不清而造成的互相推卸责任的现象。大家在同一个计划的指导下，同心协力，可以最大程度发挥各自的力量。

多层计划的编制中，一个极为重要的方法是自上而下编制计划，反映了计划的逐步深入。这种自上而下的逐级分解本身就是 PMBOK 的思想。高层领导通常是仅编制极为简单的里程碑计划，把预计的投资额分解成几块大的指标。而到了项目经理，就要作出比较小的投资分解，分解到 WBS 级别并作出具体的进度计划安排，计划控制工程师则要对工程的资源、工作细节作出明确计划。这样做的好处一是符合工程建设的客观规律，总是随着工程进展而逐步细化的。二是便于对投资结构作出比较，保证每一级计划都不会突破原计划的目标，逐级保证工程目标的实现。对于各级承包商也是如此。而在计划的执行过程中，由于 P3e/c 可以自动地自下而上地对费用进行汇总，这样我们就可以对计划完成值进行计算从而求出赢得值。

2.9 权重体系的应用

在本节，将会全面阐述 P3e/c 中所蕴含的权重体系及在实际实施中将如何去使用。为什么要引用权重体系呢？前面说过，对工程项目进度的评价可以采用赢得值法，但这需要工程进度计划的考核，主要是从财务角度评价工程进展的情况。而目前，难于对财务系统进行改革，造成无法评价工程进展。因此，我们换一个思路，即引进权重体系，对每一个 WBS 或者是作业、步骤，都设置一定的权重，而通过对权重的完成情况，来考核工程进度。应该指出，这一方法虽然简单，但准确设置权重并不是一件轻而易举的事情，需要我们的管理人员不断总结经验，才能设置得合理、正确。本节的内容对于PROJECT 的使用者也同样适用。

2.9.1 项目、WBS、作业、步骤窗口的权重

在 P3e/c 中，上自项目，下至最底层的作业步骤都有权重的概念与相关栏位。权重的值的范围为 0.0～999999.0 之间。

1. 项目与 WBS 权重

在 WBS 窗口中，单击右键，选择"栏位"、"自定义"，在栏位选择窗口中，将常用下的估算权重栏位加到显示的栏位中来，如图 2-138 所示。

2. 作业权重

在作业窗口中，单击右键，选择"栏位"、"自定义"，在栏位选择窗口中，将常用下的估算权重栏位加到显示的栏位中来，如图 2-139 所示。里程碑作业无法加载权重。

3. 步骤权重

在作业窗口中，选中某一道作业，在作业详情表的步骤页面中，单击右键，选择自定义步骤栏位，在栏位选择窗口中，将常用下的步骤权重栏位加到显示的栏位中来，如图 2-140 所示。

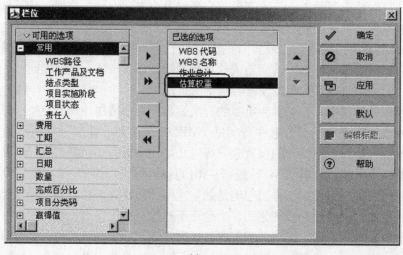

(a)

图 2-138 显示项目权重的设置（一）

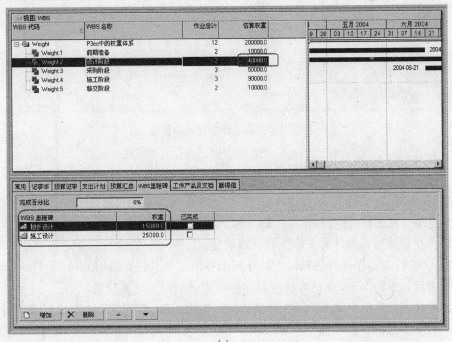

(b)

(c)

图 2-138　显示项目权重的设置（二）

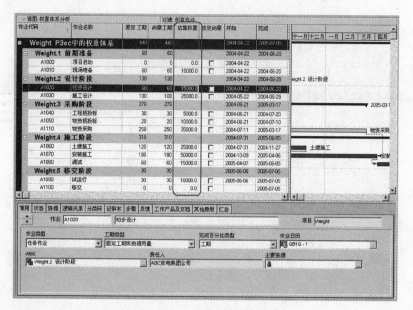

图 2-139　显示作业权重的设置

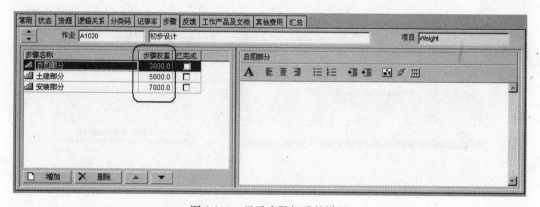

图 2-140　显示步骤权重的设置

2.9.2　权重体系应用的思路

先定义好整个项目的权重值，然后自上而下分解到 WBS 节点、WBS 子节点、WBS 里程碑（可选）、作业和作业步骤（可选）。其原则是：

1）作业步骤权重累计等于作业的估算权重；

2）WBS 包含的作业的估算权重累计起来等于该 WBS 节点的权重；

3）项目包含的 WBS 的估算权重累计起来等于项目的估算权重；

4）另外，如果项目或 WBS 使用 WBS 里程碑的话，则 WBS 里程碑权重累计起来等于该 WBS 节点的估算权重。

对于项目 Weight：各 WBS 的估算权重累计＝10000＋4000＋50000＋90000＋1000＝200000，即该项目的估算权重，如图 2-141 所示。

对于 WBS 节点 Weight.2：其作业的估算权重累计＝15000＋25000＝40000，即等

于该 WBS 节点的估算权重，如图 2-142 所示。

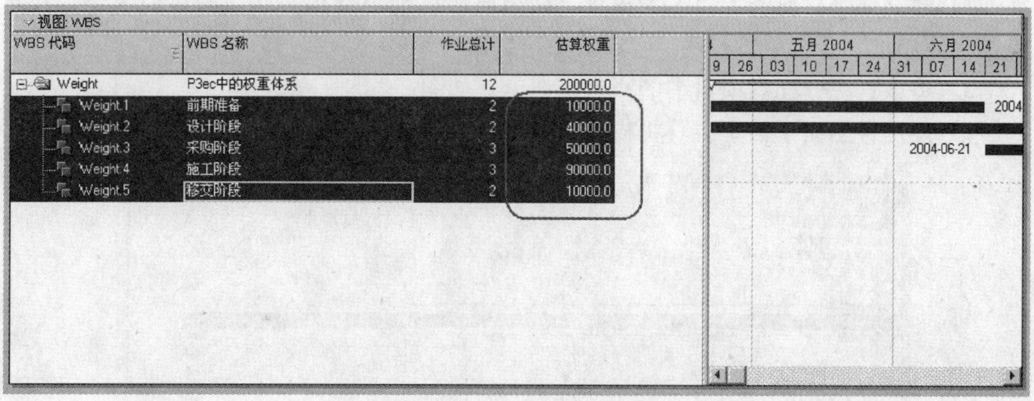

图 2-141　项目 Weight 的估算权重

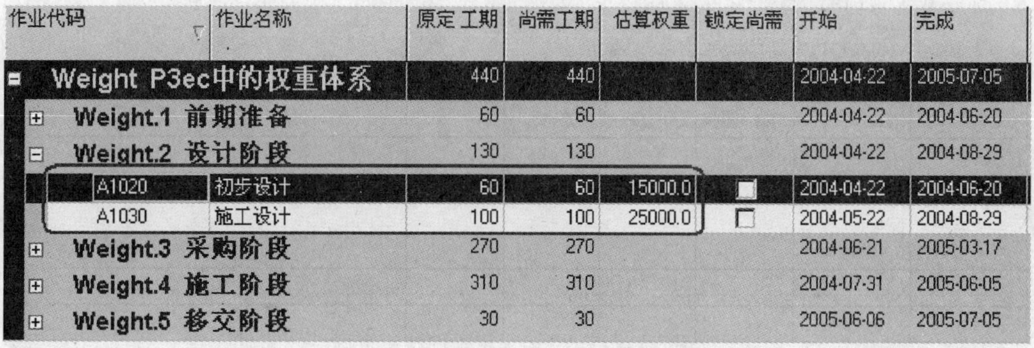

作业代码	作业名称	原定工期	尚需工期	估算权重	锁定尚需	开始	完成
Weight P3ec中的权重体系		440	440			2004-04-22	2005-07-05
Weight.1 前期准备		60	60			2004-04-22	2004-06-20
Weight.2 设计阶段		130	130			2004-04-22	2004-08-29
A1020	初步设计	60	60	15000.0	☐	2004-04-22	2004-06-20
A1030	施工设计	100	100	25000.0	☐	2004-05-22	2004-08-29
Weight.3 采购阶段		270	270			2004-06-21	2005-03-17
Weight.4 施工阶段		310	310			2004-07-31	2005-06-05
Weight.5 移交阶段		30	30			2005-06-06	2005-07-05

图 2-142　节点 Weight.2 作业的估算权重

对于作业 A1020：其步骤权重累计＝3000＋5000＋7000＝15000，即等于该作业的估算权重，如图 2-143 所示。

图 2-143　作业 A1020 的步骤权重

2.9.3　权重体系在 P3e/c 的利用

整个权重体系如何建立，如何去确定各自的部分，则需要项目参与各方的协调与讨论来确定。如此一来，就可以使用权重体系作为衡量项目进展与完成情况的一种手段。

具体实施方法如下：

1）建立一个材料资源，名为权重，如果要将权重与费用关联，则可设置每一权重点的具体单价，否则单价设为 0，如图 2-144 所示。

2）将该资源分配到项目中的所有作业上，如图 2-145 所示。

3）使用自上而下估算工具将权重分配到各道作业的资源中去，如图 2-146 所示。

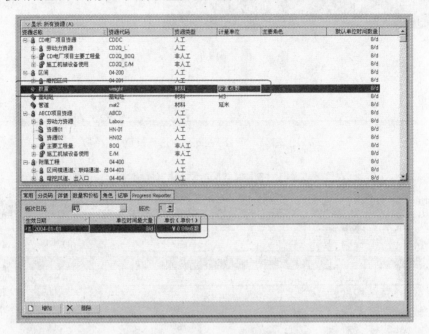

图 2-144　建立名为权重的材料资源

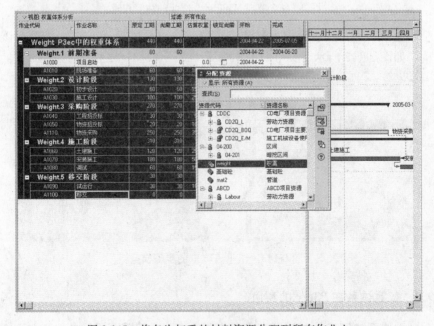

图 2-145　将名为权重的材料资源分配到所有作业上

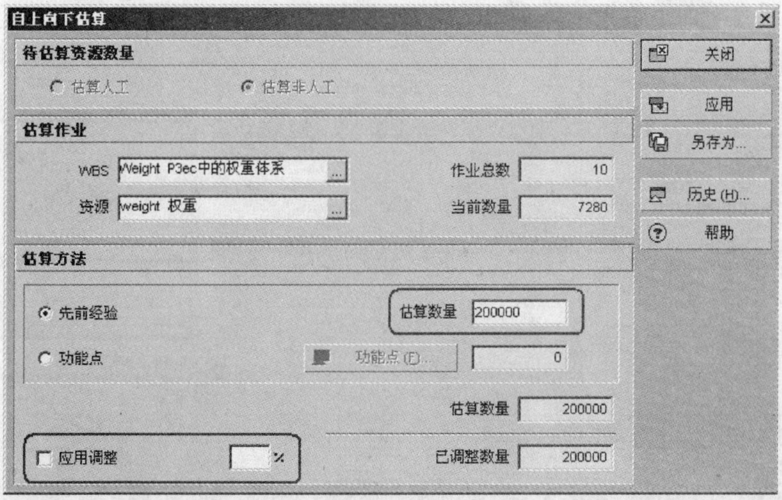

(a)

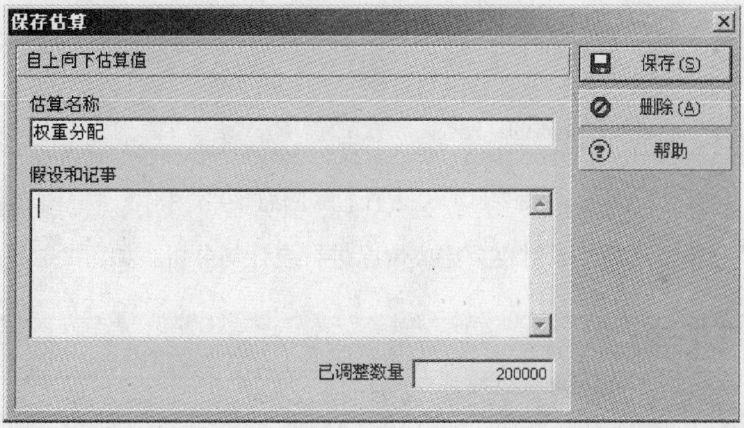

(b)

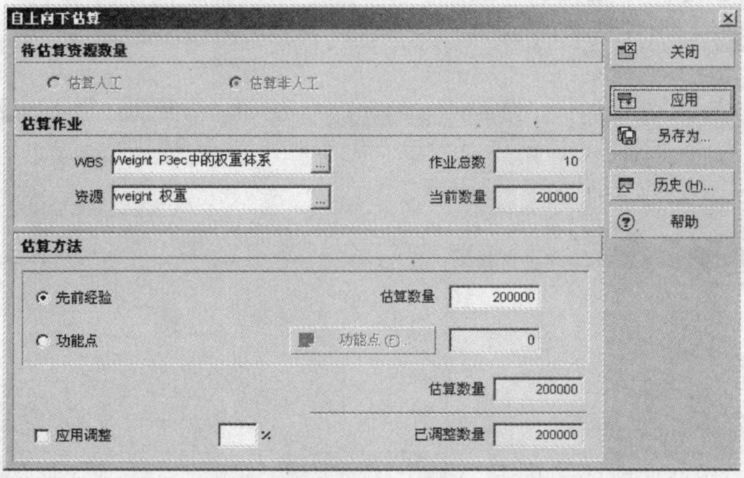

(c)

图 2-146　使用自上而下估算工具分配权重

4）查看自上而下估算结果，如图 2-147 所示。

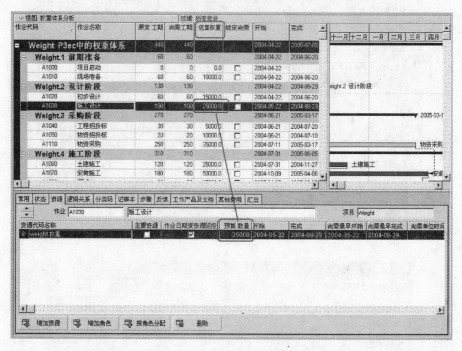

图 2-147　查看自上而下估算结果

5）通过分析资源的方式对权重完成情况进行统计与分析，如图 2-148 所示。

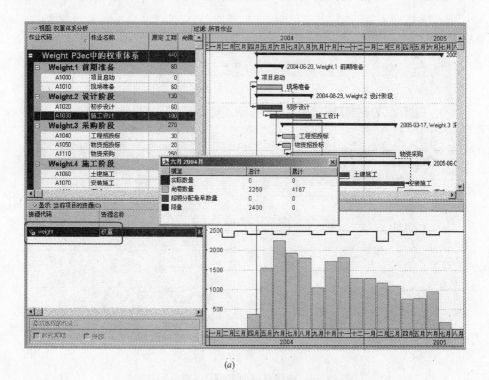

(a)

图 2-148　通过分析资源的方式对权重完成情况进行统计与分析（一）

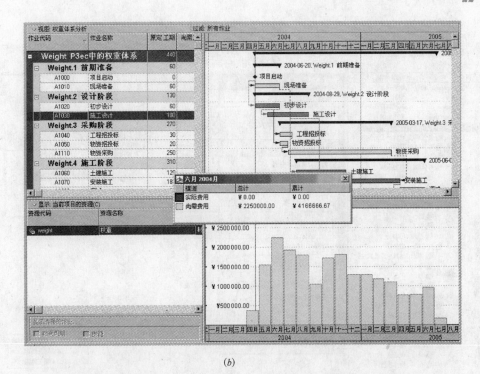

(b)

图 2-148　通过分析资源的方式对权重完成情况进行统计与分析（二）

2.10　PA、PV、PR、MM 使用简介

在 P3e/c 里，共有五个组件，其中最重要的组件是 PM。但要充分发挥 P3e/c 的威力，还需要了解 PA、PV、MM、PR 四个组件。凡购买了 P3e/c 的单位，均已获得 PM、PA 和 MM 组件，而 PV、PR 组件是可选择购买的。这是 P3e/c 的一大特色，也是与老的 P3 软件不同的地方。这主要是因为需要适应不同的使用者的要求。PV 组件是为领导者使用的，它是适用于浏览器的，领导可以通过互联网查阅项目的情况，无论身在全球的哪一个地方，只要有一定的带宽，就能了解项目的计划、进度执行情况、资源、费用等信息。而 PR 是为班组执行层使用的，它的界面很简单，主要用于收集实际进度、资源消耗。

2.10.1　PA

PA 是企业级计划控制分析人员使用的分析工具。和 PM 不同，在 PA 中可以查看两种数据。一种是以前在 PM 中按照事先定义好的 WBS 的层次在某个特定时间汇总的数据（图 2-149），这种数据载入很快；另一种是即时数据，是按照事先定义好的 WBS 层次，直接从当前的 PM 数据库中汇总的实时数据（图 2-150），但是载入速度要比第一种数据慢一些。可以满足对分析精度要求不同的企业级控制分析人员的管理需求。如果在 PA 中使用即时数据，那么与在 PM 的跟踪窗口使用同种视图进行分析的效果是一样的。

PA 的视图在 PM 的跟踪视图中都有，由于 PM 的用户管理中 PA 的许可可以授予不同于 PM 的用户，所以使用 PA 相当于增加了 P3e/c 的跟踪视图的用户，当然 PA 的

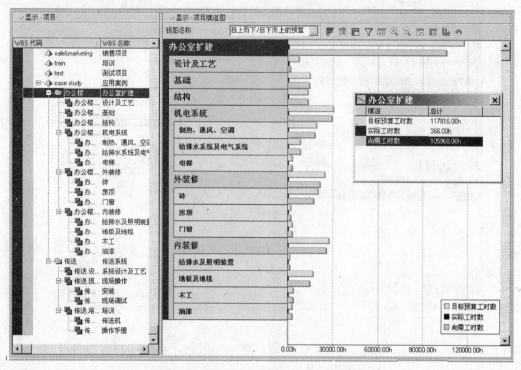

图 2-149　运用 PA 查看已经汇总的数据

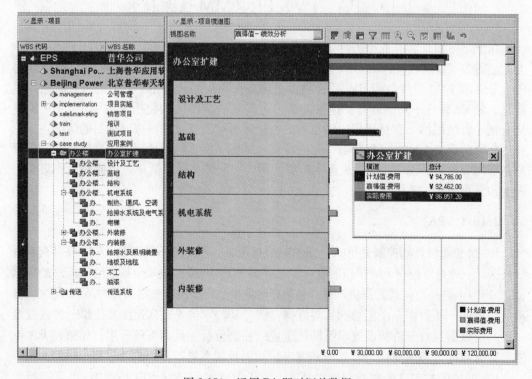

图 2-150　运用 PA 即时汇总数据

用户只能进行创建项目组合（Portfolio）和分析工作。这样企业级的计划控制分析人员和项目级的计划控制分析人员可以协同工作，互不影响。

所谓项目组合分析就是将一组被关注的项目放在一起形成一个组合并进行比较和分析。这种分析往往是将这些项目的执行情况与企业的长期战略目标和近期的商业利益相参照，得出对该项目组合的总体评价，这样高级决策层就可以判断该项目组合或者某个项目或者是某个项目的某些 WBS（工作包）对企业的战略目标和商业利益的贡献程度或者说是影响程度，这将有助于高级决策层作出继续支持还是放弃某个项目组合或者某个项目或者某些 WBS 的决定，而这种决定是建立在评价了一系列国际认可的标准化的绩效指标的基础上作出的。您可能有过这样的体会，对于高级决策层来说放弃一个项目比批准一个项目要困难得多。使用 PPM 还可以帮助企业高级决策层确定各个项目的优先级，这样企业在资金分配和资源调配上将可以根据项目的优先级来确定重点项目。

在 PA 中可以进行项目组合管理（PPM）。项目组合管理是近几年最新发展并将作为企业项目管理的较高层次的一种管理模式，国外不少大公司和大的项目管理软件供应商都投入很大的精力来研究和实践这种管理模式。PPM 就是朝着实现组织中的最优项目组合的一个连续的选择和管理的过程。

对于那些项目管理有一定基础的、需要管理多个项目的大型集团公司和大型企业来说，建议关注 PPM 的最新发展和逐步尝试 PPM 的管理模式。PPM 不是一个独立的项目管理手段，它是建立在企业级项目管理（EPM）达到一定成熟度的基础上的。

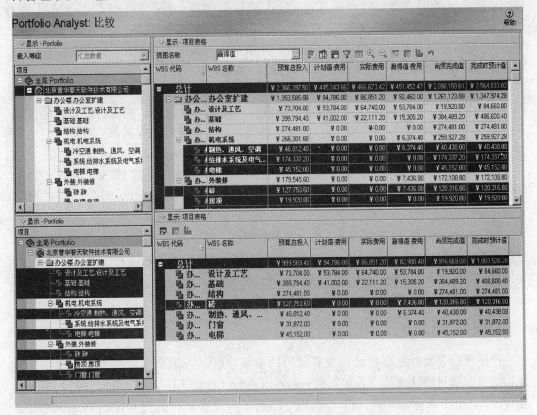

图 2-151　利用比较 Portfolio 功能实现多角度的项目组合分析

由于现在的项目越来越大，越来越复杂，所以不论是 EPM 还是 PPM 都必须采用先进的管理工具。而采用高水平的项目组合管理软件已经是一个必需的选择。EPM 和 PPM 就是随着 IT 技术的发展而发展起来的。传统的项目管理方法是无法对大量的项目信息进行标准化规范化的信息采集，信息报告，信息评价的。

PA 中有一个非常有特色的功能就是比较 Portfolio 功能，使用该功能时注意所有窗口都有显示选择条，可以通过各种选择来建立最适合自己的分析视图并另存为一个新的视图。选择 project costs（项目费用）视图后注意右边上下窗口，分别点击鼠标右键可以选择分组和排序中的自定义，选择显示小计，栏位选择费用或者自定义。这样配合左边上下窗口项目或者 WBS 的选择（可以按住 shift 或者 ctrl 键来连续或者间隔地选择一组项目或者 WBS），观察右下窗口的总计，可以看到不同的选择所带来的对费用的影响。这样就可以作出增加或者取消某个（些）项目或者 WBS 的决定了。

在比较 Portfolio 中，通过左边上下窗口不同项目，不同 WBS 的组合，以及在右边窗口选择与进度有关的栏位，与资源数量有关的栏位，以及与费用有关的栏位，可以实现多个角度的项目组合分析，如图 2-151 所示。

2.10.2　PV

与 PA 不同，PV 不仅有分析功能（当然分析的角度和 PA 不完全相同），还有高层计划编制、资源团队组件和调配，进度更新等功能。PV 比 PM 更适合中高级管理层，特别是高级决策层的项目管理需求，比 PA 功能更全面一些。PV 和 PM、PA 不同，PV 是不能制作报表的。

PA 中可以进行模拟分析，如资源预测分析（Resource Forecast，使用该功能时一定要在用户设置的资源分析中选择预计日期），而 PV 中不能。

PV 不能保存自定义视图，而是使用预制的视图。这并不是 PV 的缺陷，而是因为 PV 的设计是为了满足高级管理层需求，高级管理层更需要简明、直观的视图和尽可能少的操作。所以使用 PV 进行更新后的项目的绩效分析比使用 PM 和 PA 简便。

使用 PV 可在项目组合层次上分析绩效，如图 2-152 所示。

PV 中仪表板和健康指示器是非常有特色的、非常直观的功能（图 2-153）。PV 中的打印为所见即所得，而 PM 和 PA 中都可以有多种打印设置和输出形式（HTML，ASCII）。

PV 提供的各种简单直观的视图以及简单的操作，都非常适合高级管理层快速了解和分析项目或者项目组合的绩效。高级管理层可以进行更加深入和具体到作业层次地分析。和项目组合层次上的视图一样，点击蓝色超级链接都可以展开深入分析，见图 2-154。

P3e/c5.0 还有流程管理的功能，如图 2-155 所示。

2.10.3　PR 简介

严格执行与及时跟踪是计划发挥作用的前提条件，否则，计划就失去了意义。为此，把整个项目团队成员·"连接"到一起按时进行"计划下达"和"进度上报"是至关重要的。Progress Reporter（PR）就是专门为了实现这一目的而开发的 P3e/c 的配套软件。

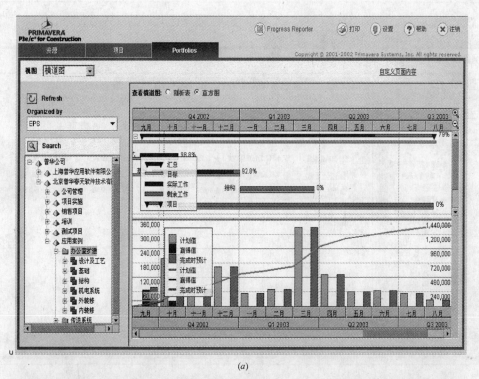

(a)

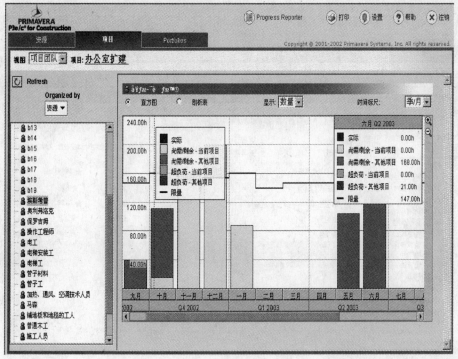

(b)

图 2-152　运用 PV 在项目组合层次上分析绩效

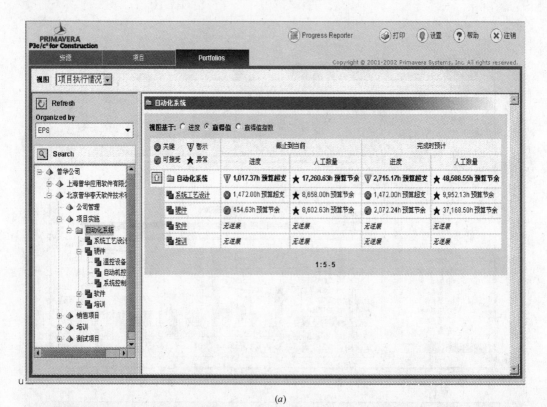

(a)

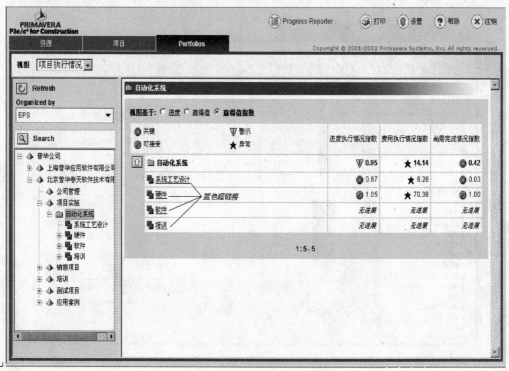

(b)

图 2-153　PV 中的仪表板和健康指示器

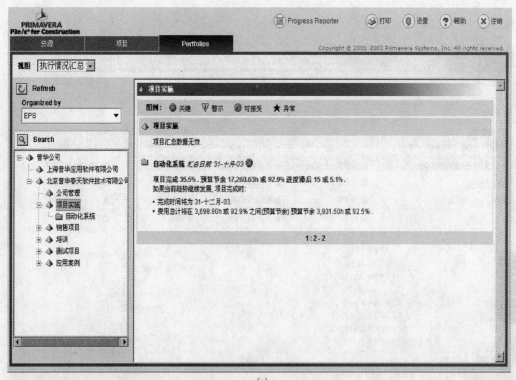

(a)

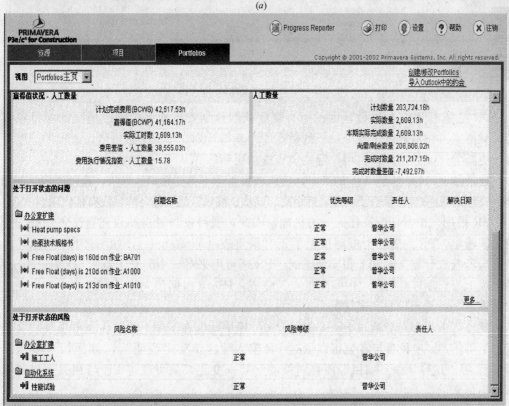

(b)

图 2-154　运用 PV 进行分析（一）

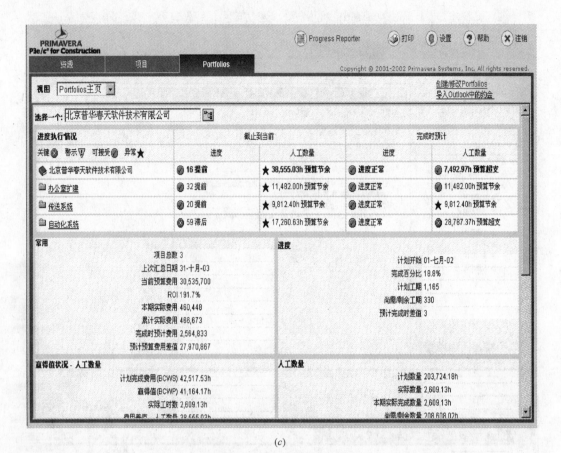

(c)

图 2-154　运用 PV 进行分析（二）

　　PR 是基于 Web 的软件，因此所有需要获取计划安排或上报完成情况的项目参与者，只要通过浏览器就可从 P3e/c 的数据库中获得计划安排或上报进度，上报的进度可直接更新 P3e/c 数据库，也可设定为"审查后更新"。

　　也是由于 PR 是基于 Web 的产品，使得项目管理不再受距离、异步、速率等传统的限制。PR 为项目参与者营造了一种"近距离、同步、高效"的工作环境，没有任何限制。

　　PR 采用"按责任配发任务"的机理，因此，项目参与者自动收到自己负责或配合的工序清单。PR 为劳动力资源预设了工时采集表（Timesheet），如图 2-156 所示，以便参与者获取计划工时和上报实消工时。PR 还可用来对"中间交工点"（Deliverables）的完成上报。参与者上报"中间交工点"完成，P3e/c 根据预先设计好的"中间交工点权重体系"计算出项目完成情况。

　　此外，项目参与者通过 PR 可获得 P3e/c 库中附加在工序上的"注意事项"、"文档资料"等信息。项目参与者也可以通过 PR 输入"建议"、"说明"、"问题"、"要求"、"风险"等。这样，一旦项目经理要"策动"某一变更，就可通过 PR 与相关人员讨论该变更带来的影响。

　　由于 PR 功能比较单一，使用十分简单，因此很多单位在购买 P3e/c 时并没有购买PR 组件，这里不作更多的介绍。

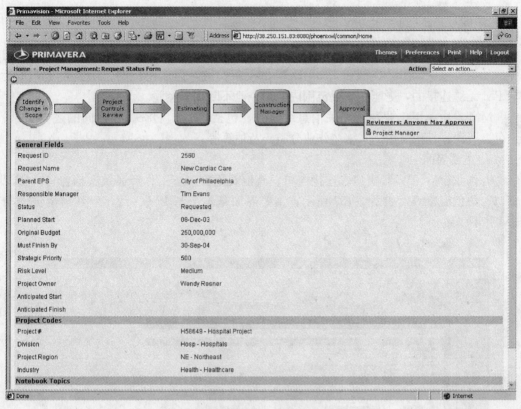

图 2-155　P3e/c 的流程管理

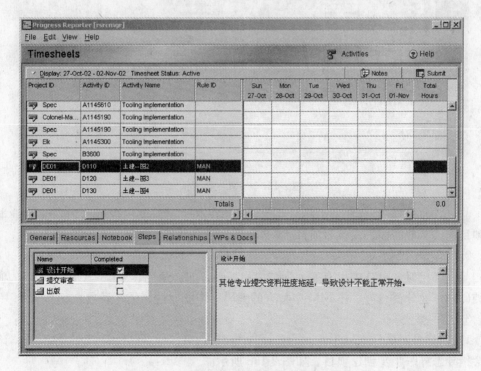

图 2-156　工时采集表

2.10.4 MM 组件

MM 可以让企业学习已完成项目的经验，从而可以在将来类似的工程中借鉴与完善。从本质上说，MM 类似于 PROJECT 的模板功能，但比模板的作用更大。MM 是与 PM 无缝连接的，更能在企业范围内帮助企业不断积累经验。

MM 是由一组作业及其相关信息组成的，包括 WBS、OBS、作业间的逻辑关系、角色、资源、其他费用、文档、作业分类码及估算等。

1. 主要界面

有作业窗口、WBS 窗口、连接窗口、其他费用窗口、工作产品及文档窗口、资源窗口、角色窗口等，如图 2-157 所示。主要界面基本上与 PM 一致，但其详情页面与 PM 并不一致。

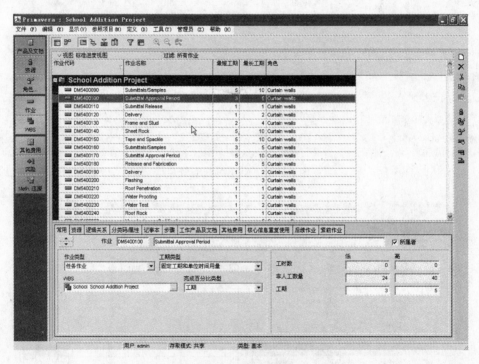

图 2-157　MM 主要界面

与 PM 不一样的窗口是 Meth. 连接窗口，在这一窗口，用户可以为当前的基本参照项目连接其他的插入式参照项目。

2. 信息化编码

与 PM 相似，MM 中也有一系列结构化编码，如：角色、WBS、OBS、RBS、项目分类码、作业分类码等，在 MM 中特有的编码有作业属性、估算系数。

3. 应用举例

1）新建参照项目（Methodology）：与 PM 基本一致，可启用创建向导工具，该向导会指导怎样一步步创建项目。如图 2-158 所示。

在创建项目后，就要创建 WBS。其方法与 PM 中一致。

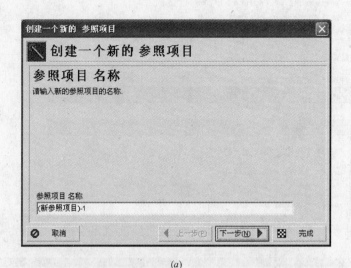

图 2-158　创建新的参照项目

创建 WBS 后，就可添加作业了。其中，选择重复使用已存在作业的核心信息，就可以从所有的参照项目中选择作业来增加到当前的参照项目中来。作业的核心信息指作业名称、工期类型、完成百分比类型、属性、作业类型、作业步骤及记事本。

2）MM 中作业的高值与低值：与 PROJECT 中的模板不一样，MM 中的作业的工期、资源与角色分配、其他费用等均有最高、最低两个值，如图 2-159 及图 2-160 所示。这是用于定义新项目与当前的参照项目在规模大小、复杂程度上的不同。

3）在 PM 中运行项目构造调用参照项目（Methodology）：在 PM 中，我们可以调用 MM 中的参照项目来创建项目，而且可以通过选择合适的项目规模与复杂程度、WBS、作业及文档。这是远远超出 PROJECT 的模板的功能。图 2-161 是创建一个新项目的几幅截图。

创建完成后，再依次创建 WBS、作业，直到完成该项目计划。

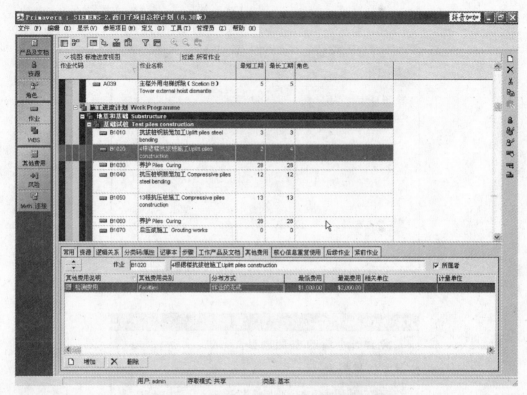

图 2-159　MM 中作业的其他费用的最高及最低值

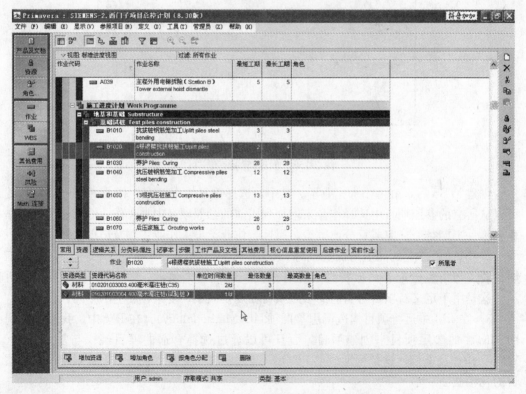

图 2-160　MM 中作业的资源的最高及最低值

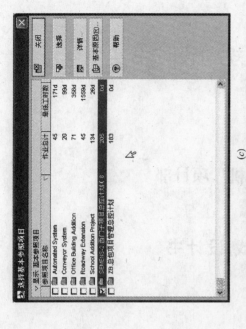

(a)

创建一个新的项目

创建一个新的 项目

项目构造

项目构造利用 Methodology Management 里的一种或多种参照项目创建项目计划运行项目构造吗？

○ 运行项目构造
○ 不运行项目构造

取消　　上一步(P)　下一步(N)　　完成

(b)

项目构造

选择基本还是插入式？

为新项目选择基本参照项目还是插入式参照项目？

选择一个基本参照项目和任何数量连接的插入式参照项目 所有这些都将根据在参照项目数据库中定义的参照项目连接被集成到单个的 WBS 中。

○ 基本参照项目(B)
○ 插入式参照项目(F)

取消　　上一步(P)　下一步(N)　　完成

(c)

选择基本参照项目

☑ 显示 基本参照项目

参照项目名称	作业总计	最低工时数
☐ Automated System	45	171d
☐ Conveyor System	20	99d
☐ Office Building Addition	71	358d
☐ Roadway Extension	45	1599d
☐ School Addition Project	134	26d
☑ ZB 包门子项目总目空计划	205	0d
☐ ZB 总包项目智能总型计划	183	0d

关闭　选择　详查…　基本原图图…　帮助

(d)

项目构造

估算规模和复杂度

为每个参照项目指明规模和复杂度百分比，用于自上向下估算。该百分比将在整个项目构造中用来重估算工作量和使用。

参照项目名称	规模和复杂度百分比
☐ SIEMENS-2 西门子项目已计划 (0.30)	50

☑ 规模和项目复杂度向导(S)…

规模和项目复杂度　50 ％

取消　　上一步(P)　下一步(N)　　完成

图 2-161　调用 MM 创建新项目

第 3 章 P3e/c 应用规划设计书实例

缅甸多功能柴油机厂项目部

P3e/c 应用规划设计书

2004 年 11 月

目　录

3.1 前　　言

P3e/c 软件是美国 Primavera 公司推出的企业级项目管理软件，它汇粹了 P3 软件 20 年的项目管理精髓和经验，采用最新的 IT 技术，在大型关系数据库上构架企业级的、包含现代项目管理知识体系的、具有高度灵活的、以计划—协同—跟踪—管理—控制—积累为主线的企业级工程管理软件，是项目管理理论演变为实用技术的经典之作。它具有以下功能特点：

1）企业级的项目管理解决方案：支持企业范围的多项目群、多项目、多用户的同时管理；支持企业资源的可集中管理；个性化的基于 Web 的管理模块，适用于项目管理层、项目执行层、项目经理、项目干系人之间良好的协作等。

2）基于 Web 的团队协作：基于 Internet 的工时单任务分发和进度采集，项目执行层可以接收来自多个项目经理分配的任务并提交反馈；直接使用基于 Web 的 PV 组件来进行项目的创建、更新分析和审批等。

3）企业标准经验知识库管理：可重复利用企业的项目模板；可进行项目经验和项目流程的提炼等。

4）企业多级项目分析：基于 Web 的报告和综合分析；支持自上而下的预算分摊；进度、费用和赢得值分析；资源需求预测和负荷分析。

5）风险和问题管理：通过工期、费用变化临界值设置和监控，对出现的问题自动报警；定义可能出现的风险并分析影响。

6）全面的项目管理，遵循 PMI 标准：具有进度计算和资源平衡功能；EPS、OBS、RBS、WBS；项目预算管理；具有目标管理；内置报表生成器；资源的工时单管理。

下面是软件成功应用后带来的管理新景象：

1）能及时获取现场作业内容与完成情况。

2）能始终把握工程关键项目。

3）能较科学地进行工程实际进展对工程里程碑点影响的分析。

4）能及时协调设计、设备、承包商间的进度安排。

5）能形成较客观的进度评价体系。

6）能进行费用与关键资源的动态分析控制。

3.2　P3e/c 应用管理模式

3.2.1　管理层次划分

1. 公司管理层

通过三级管理模式对工程项目进行综合性管理。可以通过计算机网络及时掌握公司各工程的进度、资金资源的使用、物资到货、安全、质量等信息的情况，进行综合分析和决策。

　　2. 项目部管理层

　　项目部管理层受公司的委托具体管理所辖工程的建设和管理，该层位于三个管理层次的中间层。主要负责工程进度、成本、合同、安全、质量、协调等信息控制和管理，并组织有关信息的上报。负责底层和中间层的软硬件的配置。

　　3. 分包商管理层

　　分包商管理层包括各参建单位、监理单位。该层位于三个管理层次的最底层，是P3e/c 软件应用的主要数据源点。主要负责工程进度计划和实际进度控制、资源加载、安全、质量、工作联系等信息的提供，是用好 P3e/c 软件的关键点之一。

3.2.2　网络运行环境

　　公司采用 P3e/c 网络版，而项目部也采用独立的数据库和 P3e/c 网络版。项目部与公司之间采用 Internet 访问与交换数据。在现阶段，建议公司采用 PV 查看，而项目部采用 P3e/c 网络版。对于监理单位、大的分包商，要求他们必须采用 P3e/c 编制计划并进行计划的跟踪、更新。

3.3　各单位职责

3.3.1　公司职责

　　对项目的进展情况进行监控及指导：主控各个里程碑点的执行情况。

3.3.2　项目部职责

　　1）与许继集团、国华公司协商，提出一级计划（里程碑计划）。

　　2）编制项目指导性二级计划（项目招标实施计划、项目实施指导性计划、项目前期准备计划、项目采购计划、项目资金及资源计划、费用投资与控制计划、项目质量与安全管理计划等），下达至各分包商项目部，提出三级计划要求。

　　3）审查分包商项目部上报的三级计划，协调内部及各承包商间计划的冲突，形成控制性二级计划，对冻结的三级计划调整的控制。

　　4）对项目进展情况进行监控及指导：主控二级计划的执行情况。

　　5）确定最终的项目权限分配原则。

3.3.3　分包商职责

　　1）根据项目部提供的二级计划编制工程进度计划至三级计划（含劳动力计划、机械与机具计划、提供设备与材料需求计划、物资采购计划、施工图纸需求计划、技术文件送审计划、安全与质量检验计划等）。

　　2）更新工程进度与量费实际情况并报送项目部。

　　3）严格遵守既定的工程进度，对进度的偏差进行优化调整，重大的进度偏差上报项目部进行项目范围内工程动态经济分析。

3.4 编码定义与原则

3.4.1 企业级编码

P3e/c 为企业级的项目管理软件，针对企业级项目管理的信息化需要，制定了系列企业级编码，诸如 EPS（企业项目结构）、OBS（组织机构）、RBS（资源分解结构）、CBS（费用分解结构）、作业分类码与文档编码等。这些编码的运用可使得企业对项目的管理深入浅出、纵横有序。

1. EPS（Enterprise Project Structure）

EPS 即为企业项目组织结构编码，它反映的是企业内所有项目的结构分解层次，应用 EPS 可让公司的计划管理人员分析与公司所有项目的进度、资源与费用等情况，同时可以汇报个别或所有项目的汇总或详细数据。

由于项目数据的安全性由 EPS 和 OBS 与用户的结合应用来实施的，所以 EPS 的划分应简洁并与 OBS 尽量相匹配。

根据以上原则，确定 EPS 的组织原则如下：

第一层次：缅甸多功能柴油机厂项目部。

第二层次：各分包单位项目部。

在 EPS 中给每一 EPS 分配相应的 OBS（责任人），那么该 OBS 用户对此 EPS 节点有权限，则可以对该 EPS 下的子节点和项目具有权限。

2. OBS（Organise Breakdown Structure）

企业组织结构分解（OBS）反映了企业的管理层次和架构，它并非一定是企业真实的 OBS 的描述，它用于企业中对 EPS、项目和 WBS 的责任人的分组和责任人数据访问的限定。OBS 一旦分配给 EPS/WBS 的任何一个层次，那么该 OBS 就成为该 EPS/WBS 及其分支节点的责任人。

根据以上原则，确定项目部的 OBS 组织原则如下：

第一层次：缅甸柴油机厂项目部经理。

第二层次：各职能部门经理。

第三层次：各分管工程师。

OBS 结构如图 3-1 所示。

3. 费用科目

费用科目可以分配给企业内所有项目中作业上发生的资源费用与其他费用，由此可以收集和跟踪项目计划、更新与完成各个阶段中，企业内所有项目根据费用科目结构汇总出的费用、成本情况。

1）费用科目以便于工程进行费用管理为原则，对于施工部分内容划分到单项工程。

2）费用编码的设置规则按分部分项工程 GB 50300—20 划分原则进行划分。

费用编码的层次划分如下：

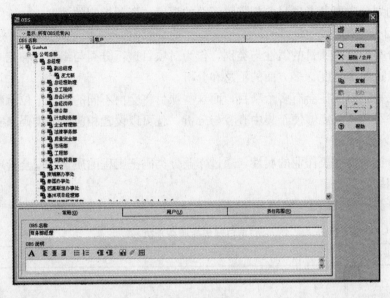

图 3-1　OBS 结构

第一层次：单位工程。

01 机加工一车间，02 机加工二车间，03 铸造车间，04 锻造车间，05 热处理车间，06 装配试验车间，07 理化计量办公楼，08 辅助建筑物，9 厂区公共工程。

第二层次：分部工程类别。

01.地基与基础，02 主体结构，03 建筑装饰装修，04 建筑屋面，05 建筑给水排水及采暖，06 建筑电气，07 智能建筑，08 通风与空调，09 电梯。

第三层次：子分部工程。

0101 无支护土方、0102 有支护土方、0103 地基及基础处理、0104 桩基、0105 地下防水、0106 混凝土基础、0107 砌体基础、0108 劲钢（管）混凝土、0109 钢结构……

4. 企业资源

资源为工作所需的人、材、机等，分为劳动力资源和非劳动力资源两大类，它分配给企业所有项目中的作业，资源的层次结构可以直观地反映企业资源的使用状况。

劳动力、主要施工机械设备及主要工程量资源，考虑量费分离的方案，主要用于分析现场施工的劳动强度及形象工程量完成情况。

资源定义规则：

第一层：人力资源、非人力资源、主要工程量资源。

第二层：资源属性。

　　·人力资源；

　　·非人力资源；

　　　　1. 材料；

　　　　2. 施工机械；

　　　　　　·主要工程量资源。

资源的划分主要参考项目希望资源汇总的深度、资源控制的深度。

5. 项目分类码

项目分类码反映项目的属性与类别，作为对项目进行分类与组织的补充方式，使得可以对项目进行多角度、多方面的汇总和分析。

由于工程项目往往会有多个项目，而这些项目将会由不同的建设单位承建，为了让这些相互关联的项目能够便于集中查看与分析，就可以设置相应的分类码来实现。

6. 作业分类码

作业分类码即代表作业的属性，通过作业分类码把工程的质量、安全管理等与工程的进度控制结合起来。

作业分类码设置如表 3-1 所示。

项目共用作业分类码 表 3-1

作业分类码	码 值	说 明
ZLKZ 质量控制	JD JZ JY	质量监督 工厂监造 出厂检验
AQKZ 安全控制	BS PJ KZ	危害辨识 危险评价 危险控制
GCZY 工程专业	TJ ZS QD RD GS NT DT	土建专业 装饰专业 强电专业 弱电专业 给水排水专业 暖通专业 电梯专业
JJD 交接点	SS SC CS	设计与施工交接 设计与采购交接 采购与施工交接

上述作业分类码为项目共用作业（工序）分类码，各单位可在此基础上增加自己特殊的作业分类码。

工程项目的作业分类码是项目部对工程进度通盘考虑而设立的，各分包商必须采用。分包商在项目部的作业分类码编码之外可以设立自己的作业分类码以满足项目进度控制的需要。

7. 日历

根据大部分作业的工作安排性质。定义全局日历："7 天工作制"为默认的日历，不设节假日。根据需要设置有节假日的日历：如国家法定假日。

各分包商具体使用日历的设置不作统一规定，根据各分包商的时间安排进行具体设置。

3.4.2 项目级编码定义

1. WBS

　　在项目实施过程中，工程结构分解（WBS）是一个非常重要的编码，它起着确定工作范围、计划控制深度的作用。工程结构分解（WBS）是对项目范围的一种逐级分解的层次化结构编码，它将项目工作内容逐级分解到较小的易控制的管理单元，使得项目计划的编制、责任落实的监控更加便利。

　　WBS 的设置原则：WBS 反映的是项目的工作的分解层次，如果分解不合理的话，会影响到项目的落实、项目的范围不清楚、工作安排遗漏，从而影响到整个项目计划的严密性和可跟踪性。

　　根据缅甸柴油机厂的项目管理情况，WBS 的划分基本与费用编码的划分保持层次上的一致，以便于项目的进度与费用的协调控制。

　　WBS 编码的层次划分如下：

　　第一层：项目名称，即完成项目包含的工作的总和。

　　第二层：项目阶段，是项目的主要可交付成果，包含里程碑。

　　.1　规划

　　.2　设计

　　.3　采购

　　.4　设备制造

　　.5　建筑安装工程施工

　　.6　机械设备工程施工

　　.7　工艺及试生产

　　.8　培训与指导

　　.9　工程验收

　　第三层：工程专业，是可交付的子成果。

　　.1　规划

　　.1.1　可行性研究

　　.1.2　设计任务书

　　.1.3　立项报批

　　.2　设计

　　.2.1　方案设计

　　.2.2　初步设计

　　.2.3　施工图设计

　　.2.4　竣工图纸

　　.3　采购

　　.3.1　主分包招标

　　.3.2　监理招标

　　.3.3　设备招标

　　.4　设备制造

　　.4.1　设备制造

　　.4.2　设备运输

　　.5　建安工程施工

按照 GB 50300 划分至单位工程。

.5.0　缅方土建基础工程

.5.1　铸造车间

.5.2　锻造车间

.5.3　热处理车间

.5.4　机加工一车间

.5.5　机加工二车间

.5.6　装配试验车间

.5.7　理化计量办公楼

.5.8　辅助建筑物

.5.9　厂区公共工程

.6　机械设备工程施工（待细化）

.7　培训与指导（待细化）

.8　工艺及试生产（待细化）

.9　工程验收

第四层：对于建安工程，应继续划分为分部工程。

.5.1.1　钢结构

.5.1.2　给水排水

.5.1.3　通风空调

.5.1.4　照明

.5.1.5　动力

.5.1.6　配电

.5.1.7　设备基础

第五层：可划分至子分部工程，是工作包，是满足 WBS 结构的最低层的信息，是项目的最小的控制单元。

……

2. 作业代码

为作业的编号，是惟一的，不能重复。可以是字母、数字的组合，没有硬性的要求，可根据需要设置。建议按照工作性质，采用字母加四位数字的顺序号，步长为 10，能够方便地修改。

字母定义如下：

规划：字母为 F；

设计：字母为 P；

采购：字母为 T；

设备制造：字母为 E；

建筑安装工程施工：字母为 C；

机械设备工程施工：字母为 M；

工艺及试生产：字母为 M；

培训与指导：字母为 D；

工程验收：字母为 A。

如 P0020 即为设计阶段第二项工作。

3. 工作产品及文档

工作产品及文档主要用于记录和管理与项目实施相关联的文档与交付产品。经常会使用的有如下文档：技术文件（施工规范、实施程序、施工方案、施工指导书等），工程记录（工程月报、工程图片等），招投标文件，监理月报、项目部会议等。各类文档的主要内容见表 3-2 所示。

各类文档的主要内容 **表 3-2**

文档类目名称	文档资料内容
工程简报	主要为工程实际进展过程的工作汇报
工程进展图片	工程进行过程中的分步分项等的进展节点图片、工程质量图片、场地安排图片等
监理月报	监理公司上报的监理月报
安全技术文件	工程施工中需要特别注意的安全技术内容
项目会议	现场的重要会议内容：每周的例会、协调会、领导指导会
……	根据需要增加需要的文档

图 3-2 为工作产品与文档图例。

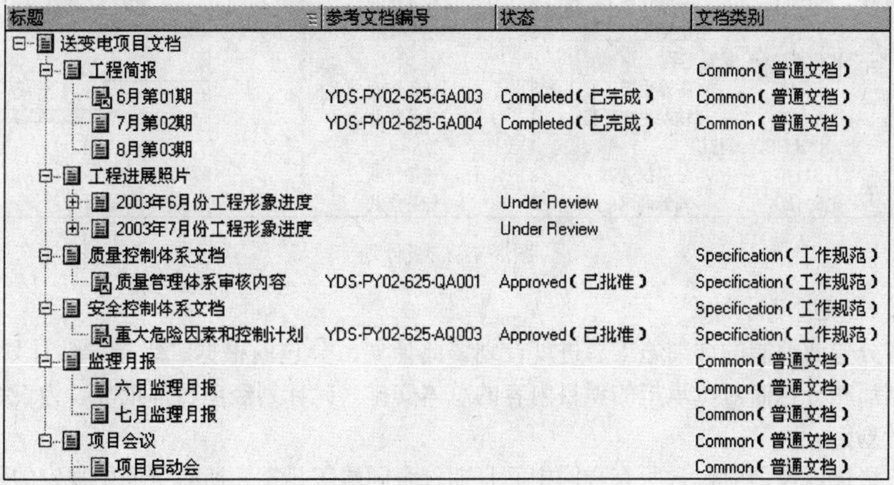

标题	参考文档编号	状态	文档类别
送变电项目文档			
工程简报			Common（普通文档）
6月第01期	YDS-PY02-625-GA003	Completed（已完成）	Common（普通文档）
7月第02期	YDS-PY02-625-GA004	Completed（已完成）	Common（普通文档）
8月第03期			
工程进展照片			
2003年6月份工程形象进度		Under Review	
2003年7月份工程形象进度		Under Review	
质量控制体系文档			Specification（工作规范）
质量管理体系审核内容	YDS-PY02-625-QA001	Approved（已批准）	Specification（工作规范）
安全控制体系文档			Specification（工作规范）
重大危险因素和控制计划	YDS-PY02-625-AQ003	Approved（已批准）	Specification（工作规范）
监理月报			Common（普通文档）
六月监理月报			Common（普通文档）
七月监理月报			Common（普通文档）
项目会议			Common（普通文档）
项目启动会			Common（普通文档）

图 3-2 工作产品与文档

3.5 企业项目管理流程及内容

3.5.1 计划级别的定义与编制依据

每个项目按照参建对象的职能划分为三个层次进行管理。

各级计划相互依存，二、三级计划工序间与工作分解结构编码（WBS）对应。

1. 一级进度计划

通常为里程碑进度计划，此计划由项目部与国华公司、许继集团协商后编制。主要根据项目的资金、总工期、图纸设计等情况确定整个项目的重要里程碑点、工作面移交点或重要形象进度点设置一级计划的设置，各点在各阶段相应的 WBS 下。

2. 二级进度计划

二级计划分为指导性二级计划、控制性二级计划。

指导性二级计划：项目部根据一级计划编制的初始的二级计划，具有初步的计划指导作用，并不强制满足此指导计划。

控制性二级计划：各分包商根据指导二级计划编制完成三级计划，由项目部批准的三级计划汇总形成的二级计划为控制性二级计划，此计划为后期进度的控制依据。

二级计划由项目部编制完成，此计划根据里程碑计划编制，由项目经理批准。二级计划中的 WBS 是对施工阶段的单位工程，其他阶段（前期、设计、采购、招投标等）则根据需要设定，以模板最终确定。作业工序对施工阶段为单位工程，其他的阶段（前期、设计、采购、招投标等）根据需要设定，以模板最终确定。

二级计划作业如图 3-3 所示。

作业代码	作业名称	LEVL·计划级别	作业类型	2003			2004		
				Q2	Q3	Q4	Q1	Q2	Q3
⊟ **XXXX.BD.5 建筑工程**									
S1070	辅助生产过程	2	任务作业						
S1080	与所址有关工程	2	任务作业						
TJB1	主要生产工程	2	任务作业						
⊟ **XXXX.BD.6 安装工程**									
S1090	主要生产工程	2	任务作业						
S1100	辅助生产工程	2	任务作业						
⊟ **XXXX.BD.7 调试**									
S1110	分系统调试	2	任务作业						
S1120	其他调试	2	任务作业						

图 3-3　二级计划

3. 三级进度计划

各分包商编制的详细施工总进度计划。此计划由分包商根据二级指导性计划编制。此计划反映分包商对所承担的项目内容的总体安排。此计划经项目部批准，为三级目标进度计划。

三级进度计划应包含所有合同中间日期、合同竣工日期、所有合同中规定的限制或工艺过程要求，不得超出项目部的二级计划。一般施工阶段（土建、安装）的三级计划中作业工序应到分项工程，其他阶段（前期、设计、采购、招投标等）根据讨论确定，按照一定的划分规则进行界定。

三级计划要求包括但不仅限于以下几条。

1）计划应包含各自承担的 WBS 所指定涵盖的工作内容。

2）里程碑和竣工日期、合同中间日期、合同限制条件、合同规定工艺过程都应正确考虑和反映。

3）工作性质、逻辑顺序应正确考虑和反映。

4）主要设备和材料的采购过程，如询价、送审、制作、测试、运输和安装等作业都应正确考虑和反映。

5）图纸、设备、场地移交等需要项目部协调的辅助事项要作为作业工序列入网络计划。

6）为项目实施的质量安全建立相应的 WBS，并建立相应的质量安全作业到网络计划中。

7）需要独立机构审批或第三方审批的审批工作要作为工序放入详细的项目计划。

8）所有启动、调试、培训等合同要求的工作应作为作业放入详细的项目计划。

9）部分移交或总移交工序应编入详细项目计划。

10）最后的退场清理工序应编入详细项目计划。

11）要在三级计划的作业中正确反映各种项目级编码（作业分类码、文档等）。

3.5.2　项目计划传送方式

主要指工程传送方式，包括以下几个方面：

1. 二级计划下达

采用 P3e/c 单机版的项目：项目部编制好二级计划后，通过导出工具将 P3e/c 中的二级计划导出为 P3e/c 的 XER 格式，通过 E-mail 传送至分包商，分包商执行导入操作后形成二级控制计划。

2. 三级计划提交

采用 P3e/c 单机版的分包商：分包商接收到二级指导计划后，以此为依据细化编制三级计划，编制完成后，通过 E-mail 传送至项目部，使用导入工具将所有施工单位细化好的三级计划（XER 格式文件）导入到项目部的相应的 EPS 节点下。

采用 VPN 的分包商：在具有相应权限的 WBS 上编辑计划即可，分包商可实时掌握计划编辑情况。

3. 更新数据的交换

对采用 P3e/c 单机版的项目，分包商实时更新数据后，上传至项目部，使用导入工具将更新为含有实际值的计划（XER 格式文件）导入到项目部。

3.5.3　计划流程与审批

进度计划按照项目管理层次，采用"自上而下逐级细化、自下而上逐层协调"的原则进行编制。

1. 计划流程

确定项目计划阶段的流程：

1）在项目启动后，由项目部创建项目并建立一级项目计划作为总的控制性计划，并上报业主。

2）项目部根据一级项目计划编制二级计划，编制结束后将此二级计划下达给分包商。

3）分包商根据项目部下达的二级计划编制三级计划，上报此计划至项目部审批。

4）项目部审核同意后冻结该三级项目计划为项目的最终执行计划。

2. 计划审批

计划审批的过程就是逐级明确项目目标的过程。指导性计划作业工期的确定以定额工期、经验工期为基本参照因素，进度的安排以里程碑控制与资金控制为原则。三级以下计划的编制应以满足上级计划控制要求前提下劳动力均衡为原则考虑作业进度安排。上级计划中关键路径上的作业、关键作业的工期，下级计划不得超出。

1）审查的内容

主要审查分包商上报的三级计划的内容中关于二级计划部分是否满足项目要求，具体包括：

（1）项目计划内容是否全面（进度计划、物资计划、质量计划等）。

（2）主要资源、费用分配的审查。

（3）作业工期的审查。

（4）施工工序逻辑关系的审查。

（5）施工工序限制条件的审查。

（6）施工工序的作业分类码加载的审查。

（7）项目日历的审查。

（8）施工工序浮时的审查。

（9）主要工序交接点的审查。

（10）工作产品及文档是否分配到相应的 WBS 与作业上的审查。

2）审批内容的审查方式

（1）分析进度日期：将最新的最早完成日期与项目必须完成日期进行比较，重点分析存在负总浮时的作业。

（2）分析资源分配：在项目开始实施前，需验证整个项目资源的分配是否有效，使用资源直方图可以查找出哪种资源已超额分配或没有充分利用，选择一种方式来消除某一资源的超额分配量。

（3）分析预算费用对费用进行评估，以保证项目不超出预算。

3.5.4 各级计划的加载内容

1. 一级控制计划

项目分类码、主要项目文档（工程概况、投标文件、具体要求等）。

2. 二级控制计划

计划层次、费用、预算、资源、加载文档中的主要技术规范等作业属性。

3. 三级项目计划

分包商加载内容更加详细化的质量控制、安全、配合部门、施工专业、费用、预算、资源、文档等作业属性。

3.5.5 目标工程的建立

将全面、切实可行、优化的网络计划作为项目控制管理的目标计划，是项目实施目标管理的基础。由于有了目标工程，就可以方便地将现行工程与目标工程进行多层次的比较，从而对造成里程碑点（控制点）和指标差异的原因进行深入分析，参见图 3-4 所示的项目控制流程。

1. 二级计划的目标工程

分包商在完成三级计划编制后，将项目部下达的二级计划作业的作业类型改为配合作业，并与其相关的下级作业（三级计划的作业）最早与最晚的两道作业以 SS 和 FF 逻辑关系连接，过滤后就形成二级计划（可以汇总三级计划作业的进度信息）。

项目部在接收到此三级计划后，过滤出二级计划（配合作业），形成控制性二级计划，并将此设置为目标项目。

2. 三级计划的目标工程

项目部直接将上报审批的三级计划设置为目标项目。

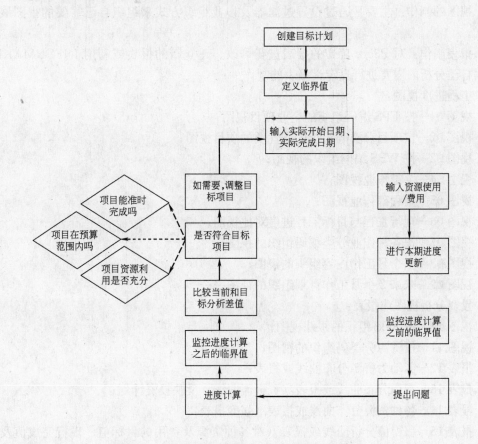

图 3-4　项目控制流程图（与目标项目进行比较）

3. 临界值

临界值是用于项目管理与控制人员通过设置有关进度、费用方面的上下限值（可以接受的范围）来监控当前项目的执行情况。当项目目前的状况超出了设定的临界值定义的范围时，监控就会自动触发问题，从而引导项目的计划和项目管理人员及时处理问题，避免损失。有以下三种临界值：

1）二级计划作业进度延期临界值。

2）费用完成临界值。

3）资源使用临界值。

4. 风险

风险管理功能包括对特定 WBS 元素或资源相关的潜在风险进行定义、分类及按照优先级排序，使用它来创建风险控制计划、给每个风险分配可能出现的概率、确定对风险有责任的人、计算风险的净损失期望值、决定风险对费用浮时和完成日期的影响。

5. 工作产品及文档

在文档中添加工程质量控制、安全控制文件、主要的工程技术文件、工程月报、施工管理文档、工程图片。

6. 视图

视图的制作：主要是通过设置过滤器及作业组织方式来组织自己需要的视图展现形式。

报表制作：对 P3e/c 自带的报表进行修改、建立新的报表或利用 INFORMAKER 根据自己分析的需要进行自定义报表的制作。

工程进度视图：

视图 01—按 EPS 编码组织的企业项目视图；

视图 02—按项目分类码组织的同性质的项目视图；

视图 03—按 WBS 编码组织的视图；

视图 04—关键作业视图；

视图 05—里程碑作业视图；

视图 06—现行工程与目标工程进度对比视图；

视图 07—按各种作业分类编码组织的视图；

视图 08—上个月工作内容组织的视图；

视图 09—未来 2 个月工作计划组织的视图……

投资分析视图或报表：

视图 10—按 RBS 组织的跟踪视图；

视图 11—按资源分类码组织的视图；

报表 12—劳动力资源分布曲线或报表；

报表 13—费用分布曲线或报表（资金流曲线）反映投资计划；

报表 14—各种资源分布曲线或报表（强度报表）；

报表 15—赢得值分析曲线或报表（对各种资源及费用的目标值、现行完成值及赢得值进行对比分析以反映出工程进展的情况）。

3.5.6 项目实际进度的记录与更新

项目实际控制阶段按照如图 3-5 所示流程来进行管理。

1. 项目进度更新

一旦项目开始进行，及时的更新项目是非常重要的，因为在项目的实施过程中，可能会发生实际进度与原定计划不同，工作范围变更，资源调配及费用周转问题。所以及时、周期性地更新项目的实际进展情况对项目进展的评估与控制是非常重要的。

1）目标计划的更新

（1）一级计划：在项目实施过程中如无重大工程事件，一般是不能变动的。

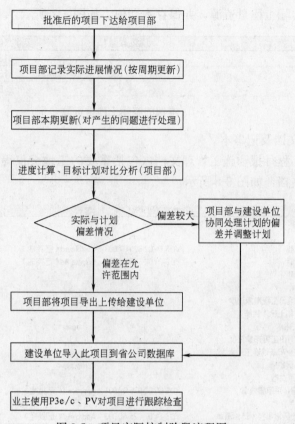

图 3-5　项目实际控制阶段流程图

（2）二级计划：在项目施过程中如无重大工程事件，一般也是不能变动的。二级计划作为项目总体目标计划。

（3）三级计划：作为阶段或周期的目标计划，如遇到较大的工程变更或其他特殊情况，经各方协调可以对其中不影响重要里程碑的作业进行调整。

2）现行计划的更新

（1）周计划更新：项目部自己应在每周末对现行计划进行每周更新，更新内容包括时间、资源、费用、文档。保存过去一周完工和正在进行的工序清单及未来两周计划进行和开工的工序清单（即两周作业预警）的报告及图表。

（2）月计划更新：项目部自己应在每月末对现行计划进行月总体更新，完善、更新内容包括时间、资源、费用、文档。保存过去 1 个月完工和正在进行的工序清单及未来 2 个月计划进行和开工的工序清单（即两周作业预警）的报告及图表。

2．费用

加载本期的实际费用值，并保存本期值。如图 3-6 所示。

其他费用说明	预算 费用	实际费用	尚需费用	完成时费用	费用科目
11201111	$345,234	$50,050	$0	$50,050	BD.2
11110406	$527,283	$34,520	$492,763	$527,283	SD.3

图 3-6　本期的实际费用

3. 工程量（资源）

加载本期的实际工程量资源，并保存本期值。如图 3-7 所示。

资源	预算数量	实际数量	尚需数量
GL.管理人员	835	130	700
JS.技术人员	835	130	700
GR.技术工人	429	67	400

图 3-7　本期的实际工程量资源

4. 工作产品文档及记事本

增加当月的工程月报和施工管理文档（包括重要的工地会议等），加载工程进展的照片、工程变更文档，如图 3-8 所示。

标题	参考文档编号	状态	文档类别
送变电项目文档			Common（普通文档）
工程简报			Common（普通文档）
6月第01期	YDS-PY02-625-GA003	Completed（已完成）	Common（普通文档）
7月第02期	YDS-PY02-625-GA004	Completed（已完成）	Common（普通文档）
8月第03期			
工程进展照片			
2003年6月份工程形象进度			
主控楼土建外装修			Job Photos（工作照片）
主变安装		In Progress	
2003年7月份工程形象进度			
主控制市基础施工			Job Photos（工作照片）
暖气锅炉房		In Progress	
质量控制体系文档			Specification（工作规范）
质量管理体系审核内容	YDS-PY02-625-QA001	Approved（已批准）	Specification（工作规范）
安全控制体系文档			Specification（工作规范）
重大危险因素和控制计划清单	YDS-PY02-625-AQ003	Approved（已批准）	Specification（工作规范）

图 3-8　工作产品文档

在 WBS 及作业上使用记事本来记录相关的工程信息。

5. 保存本期完成值

本期完成值只应用于资源的量或费用。保存本期完成值就是将资源本期完成值累加到实际数量或费用（即：累计完成量或费用）中去，与此同时，将本期实际数量或费用栏位的值清零，以便于下次进度更新时再输入。

3.5.7　项目执行情况分析

数据分析主要通过横道图、网络图、进度状态报告、资源直方图或表格、分析报表来实现。进度状态报告提供了工程主要的进度信息；横道图中可通过栏位数据与作业横道来分析相应数据的合理性；网络图中可侧重分析作业的相互逻辑关系；利用资源直方图或表格可以分析资源费用随时间的分布需求情况、资源是否存在冲突现象（即需求大于供给能力）。各种报表图表为进一步分析提供了办法。作业信息的过滤、组织、汇总为分析一些特定事项带来了方便。

1. 进度分析（目标对比）

经过进度计算，通过目标对比后如发现预设的项目完工日期或一些里程碑点不能满足项目的工期要求时（如果在编制计划时规定了工程必须完工日期，或里程碑点有限制条件，在有些作业上总浮时会小于零，表明工期不够，工程不能如期完工，或工程的一些里程碑点不能按期到达），首先想到的是调整一些作业的计划安排来满足工程项目的进度要求。

压缩调整关键路径和关键作业来达到工期调整的目的，过滤出关键作业后，在网络图中使用逻辑跟踪功能从完工或不能满足进度要求的里程碑点开始逆向对关键作业本身及其相互逻辑关系仔细地加以分析，用合理的方法来调整从而达到进度压缩的目的。

常用的进度压缩办法：重点分析关键作业；增加资源以缩短工期；使用逻辑关系来实现作业交叉进行；分解长工期作业；应用或修改限制条件；修改日历。

2. 临界值监控

进度计算之前的临界值在执行本期进度更新之后，又在重新进行进度计算之前被监控。对于每个超出临界值参数上下界值的 WBS 或作业，都会自动产生问题。针对产生的问题具体分析原因，直至问题得到解决。

3. 风险管理

分析设定的风险是否得到有效的控制，根据经验积累判定易发生风险的过程，在相应处设置对应的风险。

4. 费用分析

通过相应的视图的查看和分析，就可以得到到目前为止的实际投入的资金状况。如果资金的使用与完成的工程量之间不合理，那么就必须对引起的原因进行分析。常用以下分析方式进行资源分析：

1）使用资源直方图查看与分析资源费用。

2）使用资源剖析表查看与分析资源费用。

3）使用直方图查看与分析资源费用和其他费用。

4）使用作业剖析表查看和分析。

5. 工程量（资源）分析

更新作业也包括更新资源的投入，通过相应的视图的查看和分析，就可以得到资源到目前为止的实际投入的强度和尚需工作的强度情况。如果资源的强度分布不合理或资源的超限量分配，那么就必须对引起的原因进行分析。常用以下分析方式进行资源分析：

1）用资源直方图查看与分析资源的使用情况。

2）使用资源剖析表查看与分析资源的使用情况。

3）使用直方图查看与分析资源的使用情况。

4）使用资源分配窗口分析。

6. 赢得值分析

项目的执行情况可以用赢得值技术来进行评价和判断。根据当前项目进度和费用，根据与目标计划对比情况来对已完成的工作作出评价。简单地说，赢得值技术回答了以下三个问题：按计划要完成多少？实际完成了多少工作？完成这些工作花费了多少钱？

3.5.8　项目网站

对于那些不使用 P3e/c 组件进行进度查询与分析的人员，可以通过 PM 提供的项目信息发布工具生成的网站进行浏览。发布的网站不仅可以作为独立的网站供用户访问和查询，而且可以将项目 Wed 站点与公司的网站链接起来，形成项目信息在公司范围内的共享。

1. 主要发布内容

1）详细作业信息、记事本内容。

2）资源、角色、产品及文档。

3）问题、风险。

4）项目财务信息。

2. 视图发布

1）作业视图

（1）里程碑计划。

（2）二级控制性计划。

（3）各合同段在过去一计划更新周期内现场作业的完成情况（工程量及资源费用）。

（4）现场作业对各部门的工作的需求：如物资采购、图纸供应及资金投入等，以便于管理人员及时地查询。

（5）各合同段进度计划及总进度计划的目标与现行的对比情况（反映出目前进度计划在现场的执行，结合赢得值来分析工程的进展情况，从而让管理决策层对现场的量费完成有一个深入的了解）。

2）跟踪视图

（1）赢得值分析视图。

（2）资源分配视图。

3. 报表发布

1）进度报表：按 WBS 组织的图表。

2）费用报表：费用分布曲线或图表（资金流曲线）能反映投资计划。

3）资源报表：劳动力资源分布曲线或图表。

3.6　用户权限管理及初始化

3.6.1　用户建立及权限分配

P3e/c 是一个多用户、多组件的企业项目管理平台，在实施过程中，各个用户的协同工作及其权限管理尤为重要。

数据的安全有效性是各级单位在以 P3e/c 为平台进行日常项目管理的前提条件，在 P3e/c 中进行权限的周密控制是数据的安全有效的关键条件之一。

P3e/c 权限控制原理如下：

在 P3e/c 中权限的实现是通过 OBS、EPS 或 WBS、用户、全局安全配置、项目安全配置的结合实现的。主要分为访问范围控制、安全配置控制。

1）访问范围控制　访问范围即用户能够访问的 EPS/WBS、项目的范围。

通过 EPS 或 WBS、OBS、用户相关联来实现访问范围的控制。

在 EPS 设置时要考虑 EPS 的权限分配，用户对该 EPS 有权限，则可以访问该 EPS 节点下的子节点和其中的所有项目。

OBS 为 EPS 或 WBS 的责任人，给用户绑定此 OBS，则此用户拥有此 OBS 责任范围的访问权限。

2）安全配置控制 安全配置控制即用户拥有对访问范围内的数据的操作权限：如是否能进行全局资源管理、能否进行进度计算、能否增加作业等操作。在安全配置中进行全局和项目安全配置，如图 3-9 所示。

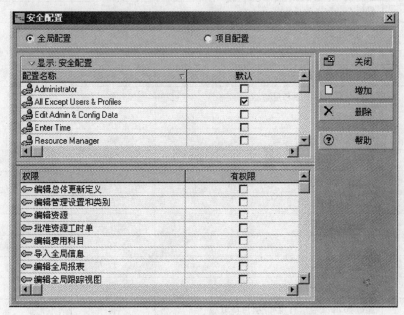

图 3-9 在安全配置中进行全局和项目安全配置

3.6.2 安全配置（全局配置、项目配置）

为了控制不同用户对不同层次数据的访问权限，PM 中提供了两种安全配置方案：

1. 全局配置

控制用户存取全局数据的权限，所有用户都必须分配有一种全局权限，权限分配见表 3-3 所示。

2. 项目配置

控制用户存取项目数据的权限，用户可以不分配项目配置，但该用户不能存取任何项目级数据，权限分配见表 3-3 所示。

安全配置权限分配表 表 3-3

序　　号	全　局　配　置	项目部	分包商
1	编辑全局总体更新	有	
2	编辑管理设置类别	有	
3	编辑资源	有	
4	批准资源工时单	有	有

续表

序　号	全　局　配　置	项目部	分包商
5	编辑费用科目	有	
6	导入全局信息（项目、资源、角色）	有	有
7	编辑全局报表	有	
8	编辑角色	有	
9	编辑全局作业分类码	有	
10	编辑全局和资源日历	有	
11	编辑安全配置	有	
12	编辑用户	有	
13	编辑工时单日期	有	
14	编辑全局工作视图和过滤器	有	有
15	编辑 OBS	有	
16	编辑项目和资源分类码	有	
17	编辑全局 Portfolio	有	
18	管理全局外部程序	有	
19	编辑资金来源	有	
20	运行项目构造	有	有
21	查看资源费用	有	有
22	管理计划任务	有	有
23	管理人力资源日历	有	
24	通过 SDK 查看所有全局/项目日历	有	
25	编辑全局资源与角色小组	有	有
26	编辑资源曲线	有	
27	编辑全局和资源日历	有	
序　号	项　目　配　置	项目部	分包商
1	在 EPS 中创建项目	有	有
2	在 EPS 中删除项目	有	有
3	汇总项目	有	有
4	编辑除财务信息外的项目详情	有	有
5	管理项目外部应用程序	有	有
6	进度计算、资源平衡、本期进度更新、保留本期值	有	有
7	维护目标项目	有	有
8	查看项目费用或财务状况	有	有
9	编辑项目作业分类码	有	有
10	监控项目临界值	有	有
11	发布项目 Web 站点	有	有
12	编辑项目报表	有	有

序　号	项　目　配　置	项目部	分包商
13	编辑项目日历	有	有
14	运行总体更新	有	有
15	Check In 或 Check Out 项目	有	有
16	导入或查看 Expedition 数据	有	有
17	编辑项目 WBS(除财务信息除外)	有	有
18	编辑项目 WBS 财务信息	有	有
19	编辑 EPS(财务信息除外)	有	有
20	编辑 EPS 财务信息	有	有
21	项目自下而上估算	有	有
22	以项目经理的身份批准工时单	有	有
23	编辑项目其他费用	有	有
24	编辑项目临界值、风险	有	有
25	编辑项目作业逻辑关系	有	有
26	编辑项目作业(逻辑关系除外)	有	有
27	删除项目作业	有	有
28	删除具有工时单实际值的项目作业	有	有
29	编辑项目工作产品和文档	有	有

当具体到某个用户时须在此层次的划分权限范围内进行二次权限分配，前提是不超过此层次的权限分配。

3.6.3　数据库及项目的备份

1. 数据库备份

每周数据更新后对所使用的数据库（如 SQL Server）进行备份操作，将整个工程备份到安全的存储器中。

2. 项目备份

每周数据更新完成后，导出工程完成项目的备份。

3.6.4　初始化工作

1. 目标管理类型

对目标的类型进行分类：原始目标、最近目标、期间目标等。

2. 其他费用类别

其他费用类别为费用科目不包括的内容，增加类别如下：管理费、咨询费、设备费、运输费、培训费、出差费等。

3. WBS 类别（项目阶段）

对 WBS 所处的项目阶段进行分类。

4. 管理费用代码

管理费用编码对管理的费用进行分类。

5. 风险类型

风险类型分类：金融、进度、天气、变更等。

6. 记事本类别

记事类别分类：预计问题、甲方要求、技术交底、质检记录、项目照片、变更、安全要求等，可根据具体要求增加分类。

7. 货币

货币功能在涉及到境外的项目或境内多货币的项目中能得到应用，如图 3-10 所示。

基本	货币代码	货币名称	货币符号	汇率
☑	USD	美圆	$	1.000000
☐	RMB	人民币	￥	8.270000
☐	UERO	欧元	$	1.091000
☐	HK	港币	$	7.230000

图 3-10　货币功能

8. 文档类别及状态

文档类别分类：管理文档、技术文档、投标文档、现场照片、工程月报等，也可根据需要增加。

文档状态分类：已批准、已完成、修改中、未开始、被否决等。

9. 用户定义

根据需要进行确定。

10. 报表类别

进度、费用、资源。

11. 管理设置初始化

在 P3e/c 中对应用管理规则内容初始化，包括：常用信息、工时单设置、PR 约定、数据层次约定、代码长度、时间周期、赢得值计算方法、报表类型、用户字段、单价类型。

第 4 章　P3e/c 教学课程作业

土

建

篇

国华国际工程承包公司

目　录

4.1　准 备 工 作

首先进行用户设置：在菜单"编辑"中，选择"用户设置"，进入用户设置窗口中，在其各个详情页面中按图 4-1 进行设置。

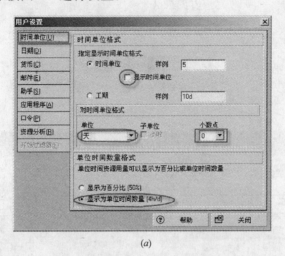

(a)

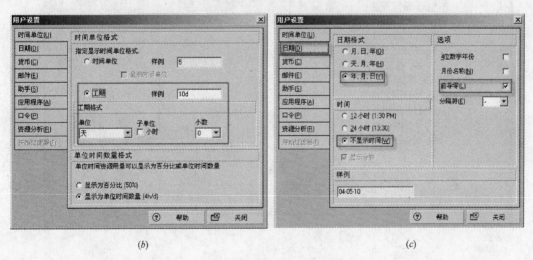

(b)　　　　　　　　　　　　　　　　(c)

图 4-1　用户设置窗口

4.2　构建企业管理框架

4.2.1　建立 OBS（组织管理机构）

按下列步骤建立 OBS 框架。

步骤：选择菜单"企业"——→"OBS…"，弹出 OBS 对话框，按图 4-2 输入企业组织管理机构。

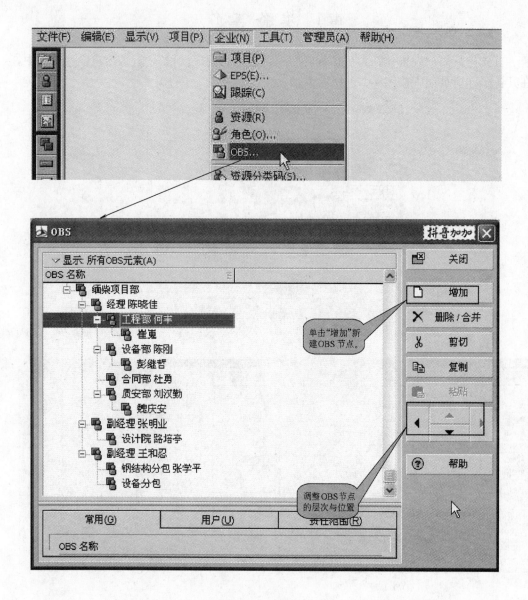

图 4-2　建立 OBS

4.2.2　建立 EPS（企业项目结构）

按下列步骤建立 EPS 框架。

步骤：选择菜单"企业"──→"EPS（E）..."，打开 EPS 对话框，如图 4-3 所示输入企业项目结构，并给各级 EPS 节点分配相应的责任人（OBS）。

4.2.3　建立新工程项目

在缅甸柴油机厂项目 EPS 的"MCXM"节点下，建立四个项目：

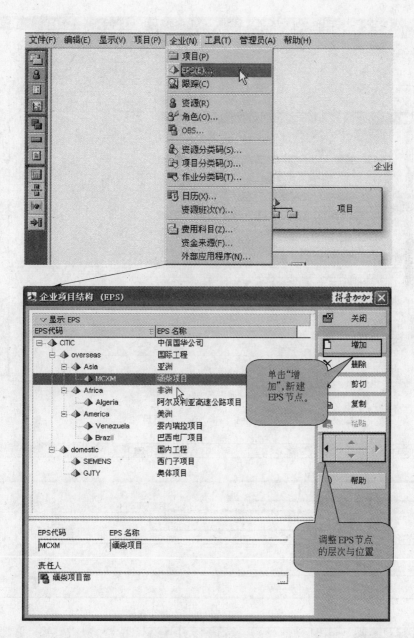

图 4-3　建立 EPS

步骤：单击"　项目　"图标，进入项目窗口（图 4-4），然后单击"　"增加新项目，按向导提示增加工程。

1）增加里程碑计划：计划开始"03 年 11 月 04 日"，数据日期"03 年 11 月 04 日"，如图 4-5 所示。

2）增加设计工程项目：计划开始"03 年 4 月 1 日"，数据日期"03 年 4 月 1 日"，如图4-6所示。

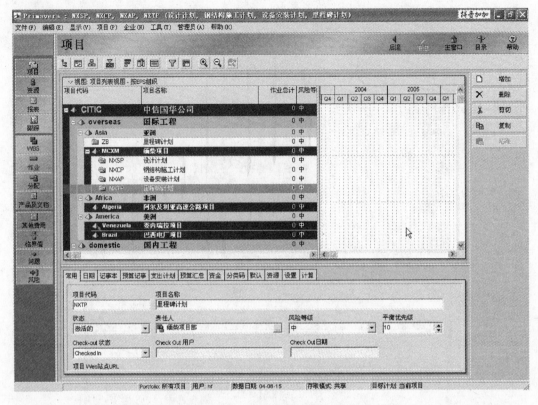

图 4-4　建立新工程项目

图 4-5　增加里程碑计划

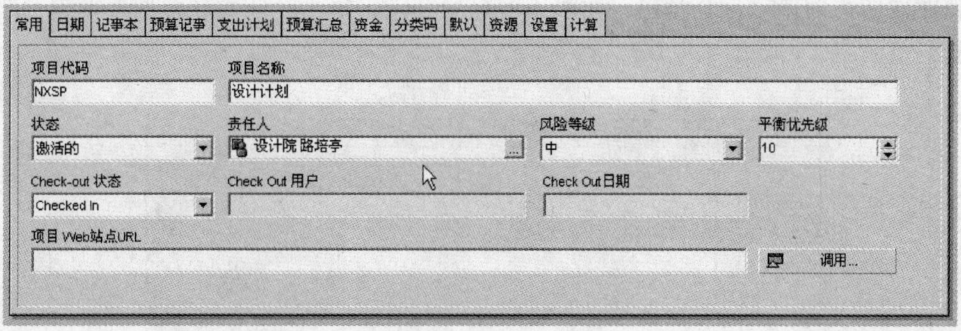

图 4-6 增加设计工程项目

3）增加土建施工项目：计划开始"03 年 4 月 1 日"，数据日期"03 年 4 月 1 日"，如图4-7所示。

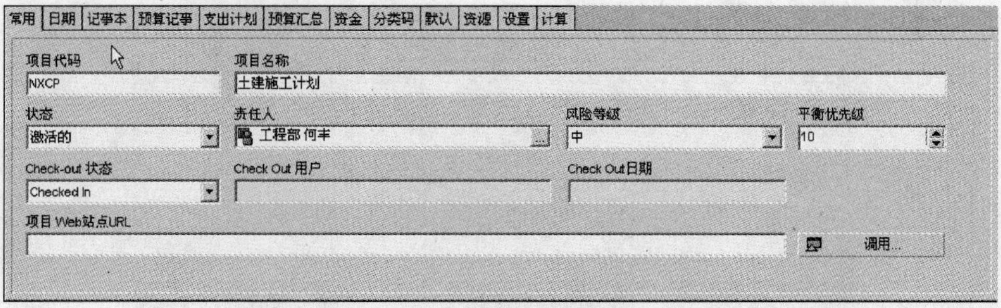

图 4-7 增加土建施工项目

4）增加设备安装项目：计划开始"03 年 4 月 1 日"，数据日期"03 年 4 月 1 日"，如图4-8所示。

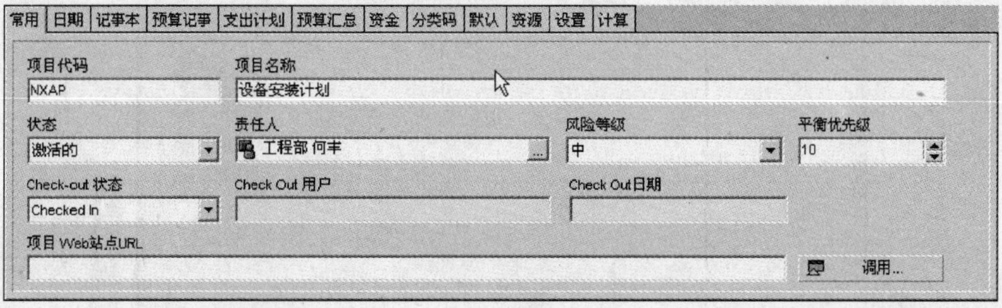

图 4-8 增加设备安装项目

4.3 建立项目管理编码体系

4.3.1 定义项目分类码

步骤：点菜单"企业（N）"——→"项目分类码（J）..."，进入项目分类码对话框，单击修改按钮,创建项目分类码,如图 4-9 (a) 所示。单击关闭按钮,选择项目分类码进行码值的定义,如图 4-9 (b) 所示:

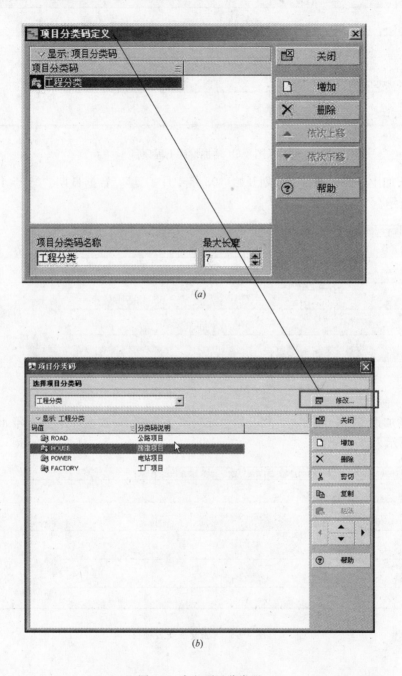

图 4-9　定义项目分类码

4.3.2　定义 WBS 工作分解结构

单击图 4-10 中左侧"　　",进入 WBS 页面。

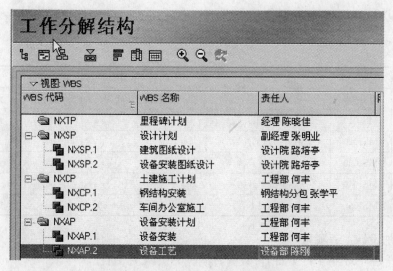

图 4-10　定义 WBS 工作分解结构

4.3.3　定义日历

1）在项目窗口中的默认页面中，选择各项目的工期类型为："固定工期和资源用量"，完成百分比类型为："工期"，如图 4-11 所示。

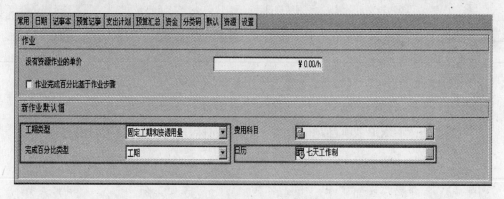

图 4-11　设定项目工期及完成百分比类型

2）2004-05-01 至 2004-05-03 为两个日历的节假日；2004-06-03 为"五天工作制"的节假日。

3）在项目的默认页面中，按以下内容分别设置各项目的日历：

七天工作制——项目 NXTP、NXCP、NXAP

五天工作制——项目 NXSP

4.4　建立作业及作业信息设置

4.4.1　添加作业

1. 建立里程碑计划（7 天工作制）

步骤：打开**"NXTP"**项目，单击"![作业]"指向标，输入表4-1所列内容。

里程碑计划内容　　　　　　　　　　　表 4-1

WBS	作业代码	作 业 名 称	限 制 条 件	原定工期	作业类型
NXTP	MS1000	工程开工	开始日期 03-04-01	0d	开始里程碑
	MS1010	混凝土施工开始		0d	开始里程碑
	MS1020	钢结构施工开始		0d	开始里程碑
	MS1030	设备安装开始		0d	开始里程碑
	MS1040	设备试车开始		0d	开始里程碑
	MS1050	工程完工	完成不晚于 04-06-30	0d	完成里程碑

2. 增加设计工程项目

计划开始"03年4月1日"，数据日期"03年4月1日"。

打开**"NXSP"**项目，单击"![作业]"指向标，输入表4-2所列内容。

增加的作业　　　　　　　　　　　　表 4-2

WBS	作业代码	作业名称	原定工期	作业类型
NXSP.1	DS1000	混凝土结构设计	30d	任务作业
	DS1010	钢结构设计	45d	任务作业
NXSP.2	DS1020	设备设计	65d	任务作业
	DS1030	工艺设计	50d	任务作业

3. 建立土建施工进度计划（7 天工作制）

计划开始"03年4月1日"，数据日期"03年4月1日"。

步骤：打开**"NXCP"**项目，单击"![作业]"指向标，输入表4-3所列内容。

土建施工进度计划　　　　　　　　　　表 4-3

WBS	作业代码	作业名称	原定工期	作业类型
NXCP.1	CS1000	钢筋绑扎	60d	任务作业
	CS1010	模板安装	90d	任务作业
	CS1020	混凝土浇筑	60d	任务作业
NXCP.2	CS1030	钢柱钢梁吊装	80d	任务作业
	CS1040	屋面板墙板安装	70d	任务作业
	CS1050	门窗安装	75d	任务作业

4. 建立设备安装工程进度计划（7 天工作制）

计划开始"03年4月1日"，数据日期"03年4月1日"。

步骤：打开**"NXAP"**项目，单击"![作业]"指向标，按照表4-4建立安装工程三级进度计划：

设备安装工程进度计划　　　　　　　　　　　　　　　表 4-4

WBS	作业代码	作业名称	原定工期	作业类型
NXAP.1	IS1000	16t 蒸空模锻锤安装	35d	任务作业
	IS1010	热模锻压力机安装	18d	任务作业
	IS1020	双盘摩擦压力机安装	30d	任务作业
	IS1030	四柱液压机安装	24d	任务作业
	IS1040	电动双梁桥式起重机安装	20d	任务作业
	IS1050	锻造转运操作机安装	26d	任务作业
	IS1060	辊锻机安装	32d	任务作业
	IS1070	输送带安装	25d	任务作业
	IS1080	其他辅助设备安装	18d	任务作业
NXAP.2	IS1090	中频感应熔炼电炉安装	20d	任务作业
	IS1100	翻斗加料机安装	45d	任务作业
	IS1110	颚式破碎机安装	25d	任务作业
	IS1120	C258A 轮碾机安装	25d	任务作业
	IS1130	立柱式悬臂起重机安装	20d	任务作业
	IS1140	树脂砂造型生产线安装	20d	任务作业
	IS1150	树脂砂制芯线安装	10d	任务作业
	IS1160	L1215 落砂机安装	10d	任务作业
	IS1170	砂芯表面干燥炉安装	15d	任务作业
	IS1180	砂再生系统及输送系统安装	25d	任务作业
	IS1190	辅助设备系统安装	20d	任务作业

注意：在项目窗口中的默认页面中，选择各项目的工期类型为："固定工期和资源用量"，完成百分比类型为："工期"。

4.4.2　给作业分配工作产品及文档

1）在 C 盘下创建一个名为 **"P3EDOC"** 的目录，在此目录下创建两个 word 文档，分别为：

· **GJG.doc**（钢结构施工）；

· **SBSG.doc**（屋面板安装）。

2）打开项目 **"NXCP"**，进入"工作产品及参考文档""工作产品及文档"窗口，按表 4-5 建立工作产品及文档。

工作产品及文档参数　　　　　　　　　　　　　　　　表 4-5

标题	参考文档编号	版本	状态	文档类别	位置
钢结构施工	1	1	已完成	技术规格书	C:\P3EDOC\GJG.doc
屋面板安装	2	1	进行中	技术规格书	C:\P3EDOC\SBSG.doc

3）分配这些文档给以下作业和 WBS：

（1）钢结构施工＝NXCP.1（WBS）；

（2）屋面板安装＝CS1040（作业）。

4.4.3 给作业添加逻辑关系（表 4-6）

作业的逻辑关系   表 4-6

作 业 代 码	作 业 名 称	后 续 作 业	逻辑关系/延时
CS1000	钢筋绑扎	CS1010	FS
CS1010	模板安装	CS1020	FS
CS1020	混凝土浇筑	MS1050	FS
CS1030	钢柱钢梁吊装	CS1040	FS
CS1040	屋面板墙板安装	CS1050	FS
CS1050	门窗安装	MS1030 MS1040	FS FS
DS1000	混凝土结构设计	DS1010 MS1010	SS＋20d FS
DS1010	钢结构设计	MS1020 DS1020	FS SS
DS1020	设备设计	IS1000 DS1030	FS SS＋10d
DS1030	工艺设计	IS1090	FS
IS1000	16t 蒸空模锻锤安装	IS1020 IS1050	FS FS
IS1010	热模锻压力机安装	IS1180	FS
IS1020	双盘摩擦压力机安装	IS1030	FS
IS1030	四柱液压机安装	IS1040	FS
IS1040	电动双梁桥式起重机安装	IS1080	FS
IS1050	锻造转运操作机安装	IS1060	FS
IS1060	辊锻机安装	IS1070 IS1010	FS FS
IS1070	输送带安装	IS1180	FS
IS1080	其他辅助设备安装	IS1190	FS
IS1090	中频感应熔炼电炉安装	IS1100	FS
IS1100	翻斗加料机安装	IS1140 IS1110	FS FS
IS1110	颚式破碎机安装	IS1120	FS
IS1120	C258A 轮碾机安装	IS1130	FS

续表

作业代码	作业名称	后续作业	逻辑关系/延时
IS1130	立柱式悬臂起重机安装	IS1180	FS
IS1140	树脂砂造型生产线安装	IS1150	FS
IS1150	树脂砂制芯线安装	IS1160	FS
IS1160	给水泵汽轮机就位安装	IS1170	FS
IS1170	砂芯表面干燥炉安装	IS1180	FS
IS1180	砂再生系统及输送系统安装	IS1190	FS
IS1190	辅助设备系统安装	MS1050	FS
MS1000	工程开工	DS1000	FS
MS1010	混凝土施工开始	CS1000	FS
MS1020	钢结构施工开始	CS1030	FS
MS1030	设备安装开始	IS1000	FS
MS1040	设备试车开始	IS1090	FS
MS1050	工程完工		

4.4.4 给作业添加步骤

给作业"CS1010 模板安装"添加以下步骤，见图 4-12。

1）安装底模施工。

2）安装侧模。

3）预留孔洞。

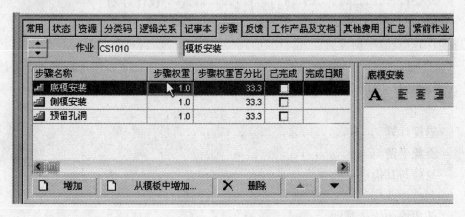

图 4-12 添加模板安装步骤

4.4.5 给作业添加记事

给作业"CS1020"增加下列记事，如图 4-13 所示。

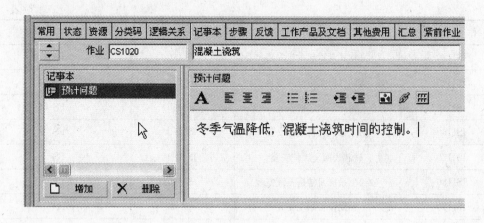

图 4-13　给作业增加记事

4. 4. 6　进度计算

1. 进行进度计算

完成作业逻辑关系后，进行进度计算，数据日期为"03-4-1"。

单击"🕐"或按**"F9"**键进行**"进度计算"**，得到进度报表，如下所示：

进度计算/资源平衡报表-06-10-29-PM. exe

————————————————————————————

默认项目 .... NXSP
项目：

NXAP................................. 设备安装计划
NXCP................................. 土建施工计划
NXSP................................. 设计计划
NXTP................................. 里程碑计划

进度计算/资源平衡设置：

————————————

General

————

进度计算 .... 是
资源平衡 .... 否
忽略与其他项目的逻辑关系 .... 否
开口作业标记为关键作业 .... 否
使用期望完成日期 .... 是
当更改影响日期变化时，自动进行进度计算 .... 否
进度计算时进行资源平衡 .... 否
进度计算后同步角色与资源分配费用 .... 否
当作业进度计算时使用 .... 保持逻辑关系

计算开工-开工延时自 .... 最早开始

定义关键作业为总浮时小于或等于 0

计算总浮时以 .... 完成浮时

计算逻辑关系延时使用的日历 .... 紧前作业日历

Advanced

———

Calculate multiple float paths............... 否

统计数字：

———

♯ 项目 4

♯ 作业 36

♯ 未开始 36

♯ 进行中 0

♯ 已完成 0

♯ 逻辑关系 47

♯ 有限制条件的作业 2

　　　项目：NXTP　作业：MS1000　工程开工

　　　项目：NXTP　作业：MS1050　工程完工

错误：

———

警告：

———

没有紧前作业的作业 1

　　　项目：NXTP　作业：MS1000　工程开工

没有后续作业的作业 1

　　　项目：NXTP　作业：MS1050　工程完工

脱序作业 0

实际日期比数据日期晚的作业 0

具有无效逻辑关系的里程碑作业 0

进度计算/资源平衡结果：

———

♯ 进度计算/资源平衡的项目 4

♯ 进度计算/资源平衡的作业 36

♯ 与其他项目的之间的逻辑关系 0

最早数据日期 03-04-01

最早的最早开始日期 03-04-01

最新的最早完成日期 04-08-11

例外：

——

关键作业 31

项目：NXAP　作业：IS1000　16t 蒸空模锻锤安装

项目：NXAP　作业：IS1010　热模锻压力机安装

项目：NXAP　作业：IS1020　双盘摩擦压力机安装

项目：NXAP　作业：IS1030　四柱液压机安装

项目：NXAP　作业：IS1040　电动双梁桥式起重机安装

项目：NXAP　作业：IS1050　锻造转运操作机安装

项目：NXAP　作业：IS1060　辊锻机安装

项目：NXAP　作业：IS1070　输送带安装

项目：NXAP　作业：IS1080　其他辅助设备安装

项目：NXAP　作业：IS1090　中频感应熔炼电炉安装

项目：NXAP　作业：IS1100　翻斗加料机安装

项目：NXAP　作业：IS1110　颚式破碎机安装

项目：NXAP　作业：IS1120　C258A 轮碾机安装

项目：NXAP　作业：IS1130　立柱式悬臂起重机安装

项目：NXAP　作业：IS1140　树脂砂造型生产线安装

项目：NXAP　作业：IS1150　树脂砂制芯线安装

项目：NXAP　作业：IS1160　L1215 落砂机安装

项目：NXAP　作业：IS1170　砂芯表面干燥炉安装

项目：NXAP　作业：IS1180　砂再生系统及输送系统安装

项目：NXAP　作业：IS1190　辅助设备系统安装

项目：NXCP　作业：CS1030　钢柱钢梁吊装

项目：NXCP　作业：CS1040　屋面板墙板安装

项目：NXCP　作业：CS1050　门窗安装

项目：NXSP　作业：DS1000　混凝土结构设计

项目：NXSP　作业：DS1010　钢结构设计

项目：NXSP　作业：DS1020　设备设计

项目：NXTP　作业：MS1000　工程开工

项目：NXTP　作业：MS1020　钢结构施工开始

项目：NXTP　作业：MS1030　设备安装开始

项目：NXTP　作业：MS1040　设备试车开始

项目：NXTP　作业：MS1050　工程完工

不满足的限制条件的作业 2

项目：NXTP　作业：MS1000　工程开工

项目：NXTP　作业：MS1050　工程完工

不满足的逻辑关系的作业 0

带有外部日期的作业 0

2. 进度分析

原定本项目于 2004 年 6 月 30 日结束，经进度计算后为 2004 年 8 月 11 日，超出规定完成时间，而且，有的作业浮时小于零，为此，需检查作业间逻辑关系及工期分配是否合理。经仔细检查后，对作业进行以下调整：

1）给作业"CS1040 屋面板墙板安装"添加后续作业"MS1030 设备安装开始"、"MS1040 设备试车开始"，逻辑关系及延时如表 4-7 所示。

2）将作业"CS1050 门窗安装"的后续作业改为"MS1050 工程完工"。

作业的逻辑关系及延时　　　　　表 4-7

作业代码	作业名称	后续作业	逻辑关系/延时
CS1040	屋面板墙板安装	CS1050 MS1030 MS1040	FS FS＋20d FS＋25d
CS1050	门窗安装	MS1050	FS

3）再次进行进度计算，得到进度报表如下所示：

进度计算/资源平衡报表-06-10-29-PM. exe

═══════════════════════════

默认项目 .... NXSP

项目：

    NXAP........................... 设备安装计划

    NXCP........................... 土建施工计划

    NXSP........................... 设计计划

    NXTP........................... 里程碑计划

进度计算/资源平衡设置：

────────────────

General

──────

进度计算 .... 是

资源平衡 .... 否

忽略与其他项目的逻辑关系 .... 否

开口作业标记为关键作业 .... 否

使用期望完成日期 .... 是

当更改影响日期变化时，自动进行进度计算 .... 否

进度计算时进行资源平衡 .... 否

进度计算后同步角色与资源分配费用 .... 否

当作业进度计算时使用 .... 保持逻辑关系

计算开工-开工延时自 .... 最早开始

定义关键作业为总浮时小于或等于 0

计算总浮时以 . . . . 完成浮时

计算逻辑关系延时使用的日历 . . . . 紧前作业日历

Advanced
———

Calculate multiple float paths . . . . 否

统计数字：
———

♯ 项目 4

♯ 作业 36

♯ 未开始 36

♯ 进行中 0

♯ 已完成 0

♯ 逻辑关系 48

♯ 有限制条件的作业 2
      项目：NXTP 作业：MS1000 工程开工
      项目：NXTP 作业：MS1050 工程完工

错误：
———

警告：
———

没有紧前作业的作业 1
      项目：NXTP 作业：MS1000 工程开工
没有后续作业的作业 1
      项目：NXTP 作业：MS1050 工程完工
脱序作业： 0
实际日期比数据日期晚的作业 0
具有无效逻辑关系的里程碑作业 0
进度计算/资源平衡结果：
———————

♯ 进度计算/资源平衡的项目 4

♯ 进度计算/资源平衡的作业 36

♯ 与其他项目的之间的逻辑关系 0

最早数据日期 03-04-01

最早的最早开始日期 03-04-01

最新的最早完成日期 04-06-22

例外：
———

关键作业 17

项目：NXAP　作业：IS1090　中频感应熔炼电炉安装

项目：NXAP　作业：IS1100　翻斗加料机安装

项目：NXAP　作业：IS1110　颚式破碎机安装

项目：NXAP　作业：IS1120　C258A 轮碾机安装

项目：NXAP　作业：IS1130　立柱式悬臂起重机安装

项目：NXAP　作业：IS1180　砂再生系统及输送系统安装

项目：NXAP　作业：IS1190　辅助设备系统安装

项目：NXCP　作业：CS1030　钢柱钢梁吊装

项目：NXCP　作业：CS1040　屋面板墙板安装

项目：NXCP　作业：CS1050　门窗安装

项目：NXSP　作业：DS1000　混凝土结构设计

项目：NXSP　作业：DS1010　钢结构设计

项目：NXSP　作业：DS1020　设备设计

项目：NXTP　作业：MS1000　工程开工

项目：NXTP　作业：MS1020　钢结构施工开始

项目：NXTP　作业：MS1040　设备试车开始

项目：NXTP　作业：MS1050　工程完工

不满足的限制条件的作业 2

项目：NXTP　作业：MS1000　工程开工

项目：NXTP　作业：MS1050　工程完工

不满足的逻辑关系的作业 0

带有外部日期的作业 0

4.4.7　给作业添加作业分类码

1）定义作业分类码：增加一组"全局"作业分类码。

步骤：选择菜单"企业（N）"──▶"作业分类码（T）…"。

进入作业分类码页面后单击"修改"，定义分类码结构，如图 4-14 所示。

定义完成后，单击"关闭"，再定义各分类码的码值，内容如图 4-15 所示。

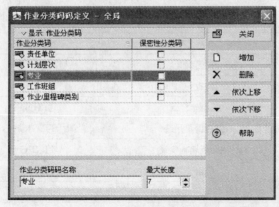

图 4-14　定义分类码结构

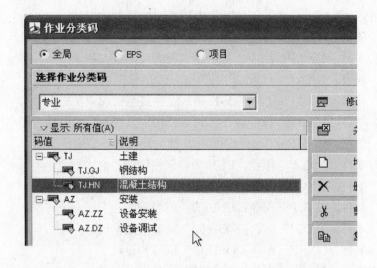

图 4-15　定义各分类码的码值

2）给表 4-8 中的作业添加作业分类码。

作业及作业分类码　　　　　　　　　　　　　　　　　表 4-8

作业代码	作业名称	工作班组	专业
CS1000	钢筋绑扎	TJ. HNT	TJ. HN
CS1010	模板安装	TJ. HNT	TJ. HN
CS1020	混凝土浇筑	TJ. HNT	TJ. HN
CS1030	钢柱钢梁吊装	TJ. GJG	TJ. GJ
CS1040	屋面板墙板安装	TJ. GJG	TJ. GJ
CS1050	门窗安装	TJ. GJG	TJ. GJ
IS1000	16t 蒸空模锻锤安装	AZ. YI	AZ. DZ
IS1010	热模锻压力机安装	AZ. YI	AZ. DZ

续表

作业代码	作 业 名 称	工作班组	专 业
IS1020	双盘摩擦压力机安装	AZ. YI	AZ. DZ
IS1030	四柱液压机安装	AZ. YI	AZ. DZ
IS1040	电动双梁桥式起重机安装	AZ. YI	AZ. DZ
IS1050	锻造转运操作机安装	AZ. YI	AZ. DZ
IS1060	辊锻机安装	AZ. YI	AZ. DZ
IS1070	输送带安装	AZ. YI	AZ. DZ
IS1080	其他辅助设备安装	AZ. YI	AZ. DZ
IS1090	中频感应熔炼电炉安装	AZ. ER	AZ. ZZ
IS1100	翻斗加料机安装	AZ. ER	AZ. ZZ
IS1110	颚式破碎机安装	AZ. ER	AZ. ZZ
IS1120	C258A 轮碾机安装	AZ. ER	AZ. ZZ
IS1130	立柱式悬臂起重机安装	AZ. ER	AZ. ZZ
IS1140	树脂砂造型生产线安装	AZ. ER	AZ. ZZ
IS1150	树脂砂制芯线安装	AZ. ER	AZ. ZZ
IS1160	给水泵汽轮机就位安装	AZ. ER	AZ. ZZ
IS1170	砂芯表面干燥炉安装	AZ. ER	AZ. ZZ
IS1180	砂再生系统及输送系统安装	AZ. ER	AZ. ZZ
IS1190	辅助设备安装	AZ. ER	AZ. ZZ

4.5　给作业分配角色、资源、其他费用及费用科目

4.5.1　定义角色（图 4-16）

选择菜单"企业（N）"——→"角色（O）..."。

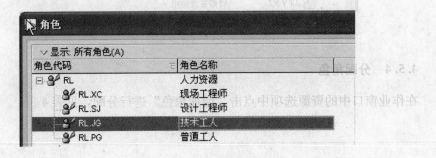

图 4-16　定义角色

4.5.2　定义资源

选择菜单"企业（N）"——→"资源（R）"。

在"栏位"中选择相应的字段，显示为图 4-17 形式。其中，"计量单位"是在"用户自定义项"中选择"user_text1"，单击"编辑标题"，将其标题改为"计量单位"。

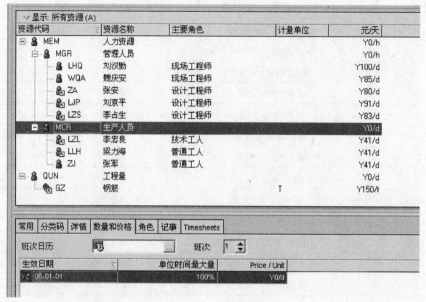

图 4-17　定义资源

4.5.3　定义费用科目（图 4-18）

选择菜单"企业（N）"——→"费用科目（Z）..."。

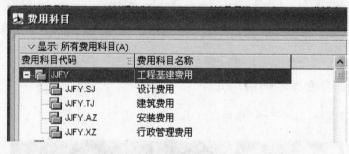

图 4-18　定义费用科目

4.5.4　分配角色

在作业窗口中的资源选项中点击"增加角色"进行分配，见表 4-9。

分配角色　　　　　　　　　　　　　　　　　　　　　　　　　表 4-9

作业代码	作业名称	角色名称
CS1000	钢筋绑扎	生产技工，普通工人
DS1000	混凝土结构设计	设计工程师
DS1010	钢结构设计	设计工程师
DS1020	设备设计	设计工程师
DS1030	工艺设计	设计工程师

4.5.5　分配资源

分配完成角色后，在作业窗口中的资源选项中，资源采取"按角色分配"的方式在作业上进行添加，具体内容如表 4-10 所示。

分配资源　　　　　　　　　　　　　　　　　　　　　　表 4-10

作业代码	作业名称	资源名称	角　色	预算数量	费用科目
CS1000	钢筋绑扎	钢筋		60	JJFY.TJ
		李忠良	生产技工	60	JJFY.TJ
		梁力海	普通工人	50	JJFY.TJ
DS1000	混凝土结构设计	张安	设计工程师	30	JJFY.SJ
DS1010	钢结构设计	刘京平	设计工程师	50	JJFY.SJ
DS1020	设备设计	李占生	设计工程师	65	JJFY.SJ
		张安	设计工程师	30	JJFY.SJ
DS1030	工艺设计	李占生	设计工程师	20	JJFY.SJ
		刘京平	设计工程师	50	JJFY.SJ

4.5.6　配其他费用

给作业 DS1000 分配其他费用，如图 4-19 所示。

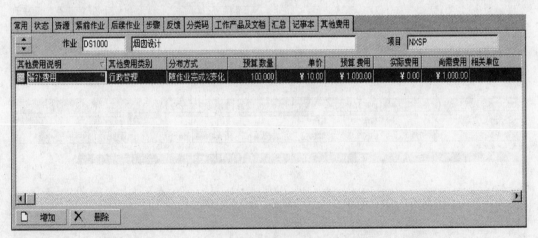

图 4-19　分配其他费用

4.6　分析资源使用情况

单击"资源使用直方图"""，在作业窗口的下方显示出所有资源的使用情况，选择任一资源可以查看其使用情况，如图 4-20 所示。

　　经分析，资源"刘京平"在五、六月份超额分配，会导致该时间段内的工作不能按期完成，延迟工期。为此，给作业"DS1010-混凝土结构设计"增加资源"张安"，以减少"刘京平"的负荷强度，结果如图 4-21 所示。

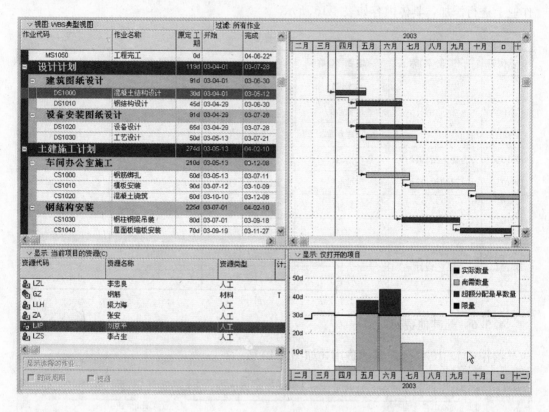

图 4-20　资源使用直方图

图 4-21　调整资源分配

4.7　建立目标工程

　　在作业的进度、资源以及费用符合要求后，建立项目目标工程。

步骤：选择菜单"项目（P）"——→"目标项目（B）..."，点击"增加"建立目标计划"设备安装计划-B1"，如图 4-22 所示。

在"横道图"选项中显示出目标工程横道，如图 4-23 所示。

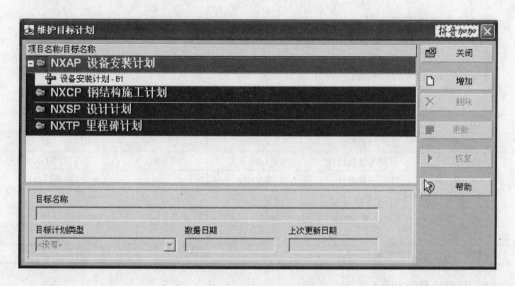

图 4-22　建立目标工程

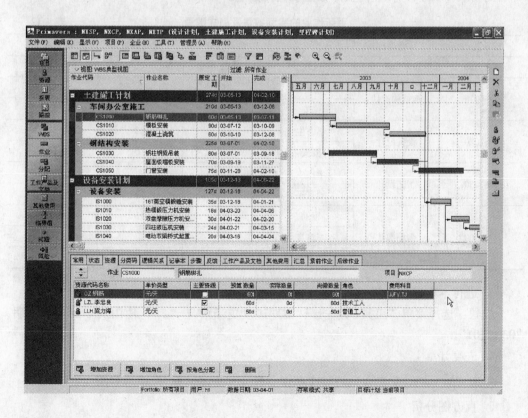

图 4-23　显示目标工程横道

4.8 数据更新及报表分析

4.8.1 数据更新

1. 进度更新

更新表 4-11 所列作业的进度工期。

表 4-11

更新作业及进度工期

作业代码	作业名称	实际开始	实际完成	尚需工期
MS1000	工程开工	2003-4-1		0d
DS1000	混凝土结构设计	2003-4-1	2003-5-14	0d
DS1010	钢结构设计	2003-4-29		25d
DS1020	设备设计	2003-4-29		45d
MS1010	土建施工开始	2003-5-15		0d
DS1030	工艺设计	2003-5-15		38d
CS1000	钢筋绑扎	2003-5-15		42d

2. 资源数量更新

更新表 4-12 所列作业的实际数量及尚需数量。

表 4-12

更新作业的实际数量及尚需数量

作业代码	作业名称	资源名称	预算数量	实际数量	尚需数量
DS1000	混凝土结构设计	张安	30	30	0
DS1010	钢结构设计	刘京平	19	9	10
		张安	21	10	11
DS1020	设备设计	李占生	65	22	43
		张安	30	10	20
DS1030	工艺设计	李占生	20	5	15
		刘京平	50	12	38
CS1000	钢筋绑扎	钢筋	60	15	50
		李忠良	60	17	43
		梁力海	50	14	36

3. 进行本期进度更新（图 4-24）

步骤：选择菜单"工具(T)"──▶"本期进度更新(A)..."，使用统一的数据日期："03-06-01"。

4. 进度计算

单击"![图标]"或按"F9"键对所有作业进行"进度计算"，结果如图 4-25 所示。

5. 直方图分析

单击"![图标]"，进入作业直方图分析页面，点击右键，选择"作业使用直方图选项"

进行需显示数据的设置，如图 4-26 所示。

选择作业"**DS1010**-钢结构设计"，如图 4-27 所示。

资源使用直方图分析：选择资源"李占安"，如图 4-28 所示。

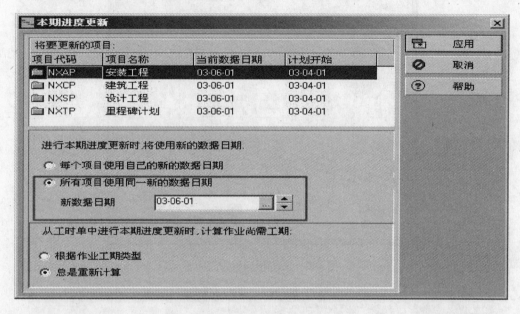

图 4-24　本期进度更新

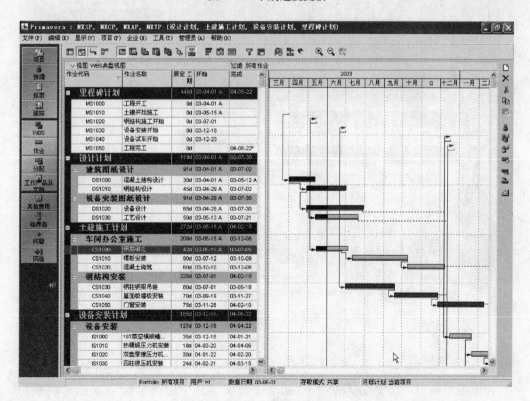

图 4-25　进度计算

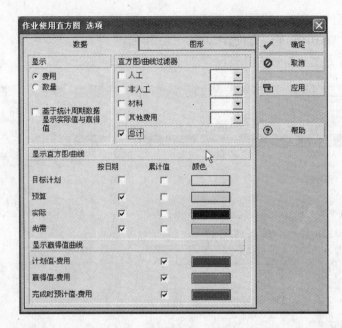

图 4-26　作业使用直方图选项

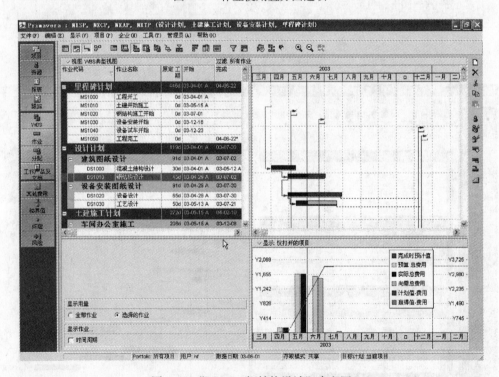

图 4-27　"DS1010-钢结构设计"直方图

4.8.2　报表

在报表页面中，选择"**AD-01** 作业状态报表"，点击"运行报表"，如图 4-29 所示。在图 4-30 中选择"打印预览"选项，单击"确定"按钮即可显示出报表。

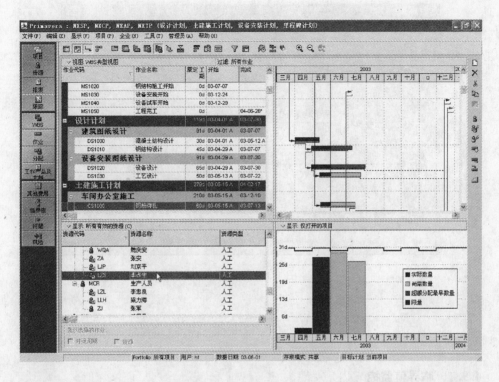

图 4-28　资源使用直方图分析

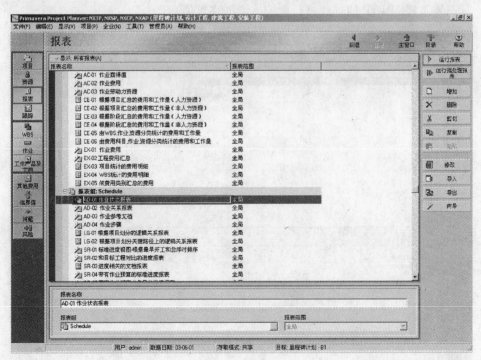

图 4-29　报表页面

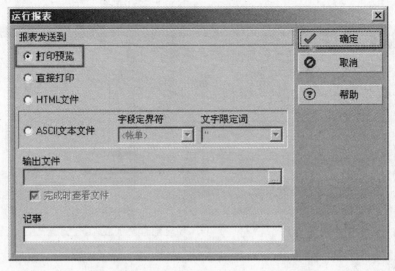

图 4-30　运行报表

4.9　临界值、问题

4.9.1　临界值监控

对安装工程 NXAP 的作业进行监控（增加临界值）。

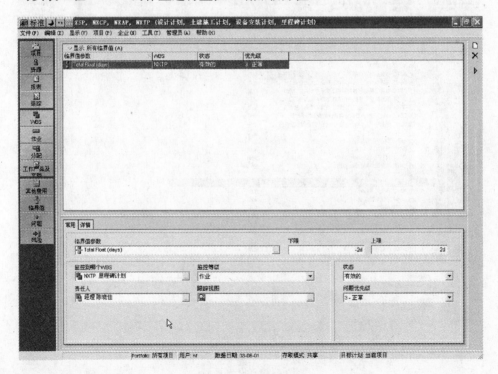

图 4-31　临界值页面